江西理工大学清江学术文库

锡电解精炼用绿色添加剂的设计与开发

钟晓聪　李　柱　李德顺　华　曦　马西宁　著

北　京
冶 金 工 业 出 版 社
2022

内 容 提 要

本书主要介绍了三种锡电解精炼用添加剂的设计与开发路线，包括基于经验法从传统有色金属电沉积/电镀用添加剂中筛选适于锡电解精炼过程的绿色添加剂；通过解析传统锡电解精炼用苯酚磺酸的构效关系，设计理想添加剂结构特征，进而指导从大宗化工产品中挑选绿色添加剂；从生物提取物中寻找锡电解精炼用绿色添加剂。

本书可供有色金属电沉积或电镀领域的研究生、科研人员、技术人员和生产管理人员参考。

图书在版编目(CIP)数据

锡电解精炼用绿色添加剂的设计与开发/钟晓聪等著.—北京：冶金工业出版社，2022.1

ISBN 978-7-5024-9058-4

Ⅰ.①锡…　Ⅱ.①钟…　Ⅲ.①炼锡—电解精炼—助剂—无污染技术　Ⅳ.①TF814

中国版本图书馆 CIP 数据核字(2022)第 018747 号

锡电解精炼用绿色添加剂的设计与开发

出版发行　冶金工业出版社　　电　话　(010)64027926
地　址　北京市东城区嵩祝院北巷 39 号　　邮　编　100009
网　址　www.mip1953.com　　电子信箱　service@mip1953.com

责任编辑　王　双　美术编辑　彭子赫　版式设计　郑小利
责任校对　李　娜　责任印制　李玉山

三河市双峰印刷装订有限公司印刷
2022 年 1 月第 1 版，2022 年 1 月第 1 次印刷
710mm×1000mm　1/16；8.75 印张；168 千字；129 页

定价 59.00 元

投稿电话　(010)64027932　投稿信箱　tougao@cnmip.com.cn
营销中心电话　(010)64044283
冶金工业出版社天猫旗舰店　yjgycbs.tmall.com
(本书如有印装质量问题，本社营销中心负责退换)

前　言

传统锡电解精炼广泛采用硫酸亚锡–硫酸–甲酚磺酸电解液体系。其中，甲酚磺酸可抑制亚锡离子氧化水解，减少锡胶的生成。此外，甲酚磺酸还可增大阴极极化，阻滞锡还原沉积，提高阴极锡平整致密度。然而，甲酚磺酸对环境和人体有毒害作用，严重恶化劳动环境。开发绿色环保添加剂替代甲酚磺酸，是改善锡电解精炼车间劳工环境的关键。本书详细介绍了江西理工大学绿色冶金与过程强化研究所近年来在锡电解精炼用添加剂方面的研究工作，本书的出版旨在让这些新的研究成果更系统地呈现给相关领域的科研人员和技术人员，以供参考。

本书共设 6 章。第 1 章综述了锡电解精炼的基础理论及添加剂研究进展；第 2 章介绍了锡电解精炼用添加剂研究涉及的实验方法和装置；第 3 章介绍了传统电解用添加剂对锡电解精炼过程的影响，通过经验法从传统电解用添加剂中筛选甲酚磺酸替代物；第 4 章介绍了基于构效关系开发新型绿色锡电解精炼添加剂，在解析甲酚磺酸不同官能团在锡电解精炼过程的作用机制的基础上，设计理想添加剂结构特征，进而指导从大宗化工产品中寻找甲酚磺酸绿色替代物；第 5 章介绍了锡电解精炼用生物提取物添加剂的开发与应用；第 6 章为研究展望。

在本书的出版过程中，李柱、李德顺、张斌、林振聪、袁远亮、陈晨、任亚辉等研究生参与了材料整理和书稿修改工作；本书介绍的研究成果是在国家重点研发计划固废专项（项目号：2019YFC1908400）、江西省主要学科学术和技术带头人培养计划——青年人才项目（项目号：20212BCJ23006）、江西省自然科学基金项目（项目号：20202BAB214015）、江西理工大学清江青年英才支持计划的支持下取得的；本书的出版得到了江西理工大学学术著作出版基金的资助。在此一并致以诚挚的感谢。

由于作者学识水平和经验阅历所限，书中难免存在不足之处，恳请广大读者予以批评指正。

作　者
2021年5月

目　　录

1　概述 …… 1

1.1　锡及其主要化合物的物理化学性质 …… 1
1.1.1　金属锡 …… 1
1.1.2　锡的主要化合物及性质 …… 3
1.2　锡资源现状 …… 8
1.2.1　全球锡资源现状 …… 8
1.2.2　我国锡资源现状 …… 8
1.3　锡的二次资源 …… 9
1.3.1　含锡尾矿 …… 9
1.3.2　含锡烟尘 …… 10
1.3.3　含锡废水 …… 10
1.3.4　废弃电路板 …… 10
1.4　粗锡的精炼 …… 11
1.4.1　火法精炼 …… 11
1.4.2　电解精炼 …… 14
1.5　金属电沉积理论 …… 19
1.5.1　金属电沉积的基本历程 …… 19
1.5.2　金属电沉积过程的特点 …… 20
1.5.3　简单金属离子的阴极还原 …… 20
1.5.4　金属络离子的阴极还原 …… 21
1.5.5　金属电结晶过程 …… 22
1.5.6　金属电沉积方式 …… 25
1.6　常见电解添加剂 …… 26
1.7　锡电解精炼添加剂研究进展 …… 27
参考文献 …… 28

2　实验装置及测试方法 …… 35

2.1　实验试剂及装置 …… 35

2.1.1　实验试剂 …… 35
2.1.2　实验设备 …… 36
2.2　测试方法 …… 37
2.2.1　锡浓度及酸度的测定 …… 37
2.2.2　电极与电化学体系 …… 40
2.2.3　溶解氧浓度及锡胶生成量测试 …… 42
2.2.4　线性扫描伏安法 …… 43
2.2.5　模拟电解实验 …… 44
2.2.6　扫描电子显微镜 …… 44
2.2.7　阴极电位监测 …… 44
2.2.8　电流效率的测定 …… 44
参考文献 …… 45

3　传统添加剂对锡电解精炼过程的影响 …… 46

3.1　甲酚磺酸对锡电解精炼过程的影响 …… 46
3.1.1　阴极沉积过程 …… 46
3.1.2　电解液稳定性 …… 47
3.1.3　阴极形貌 …… 48
3.1.4　电流效率 …… 49
3.2　没食子酸对锡电解精炼过程的影响 …… 50
3.2.1　阴极沉积过程 …… 50
3.2.2　电解液稳定性 …… 51
3.2.3　阴极形貌 …… 52
3.2.4　电流效率 …… 53
3.3　木质素磺酸钠对锡电解精炼过程的影响 …… 53
3.3.1　阴极沉积过程 …… 54
3.3.2　电解液稳定性 …… 54
3.3.3　阴极形貌 …… 55
3.3.4　电流效率 …… 56
3.4　酒石酸对锡电解精炼过程的影响 …… 56
3.4.1　阴极沉积过程 …… 57
3.4.2　电解液稳定性 …… 57
3.4.3　阴极形貌 …… 58
3.4.4　电流效率 …… 59
3.5　酒石酸和木质素磺酸钠组合添加对锡电解精炼过程的影响 …… 59

3.5.1　阴极沉积过程 …… 60
3.5.2　电解液稳定性 …… 60
3.5.3　阴极形貌 …… 61
3.5.4　电流效率 …… 62
3.6　酒石酸和木质素磺酸钠组合添加锡电解精炼工艺参数的优化 …… 63
3.6.1　电流密度 …… 63
3.6.2　初始锡离子浓度 …… 64
3.6.3　初始 H_2SO_4 浓度 …… 66
3.6.4　温度 …… 67
3.7　中试实验 …… 69
3.7.1　稳定性实验 …… 69
3.7.2　循环实验 …… 71
3.8　本章小结 …… 75

4　基于构效关系开发新型绿色锡电解精炼添加剂 …… 76

4.1　甲基磺酸和苯酚磺酸在锡电解精炼过程中的构效关系 …… 76
4.1.1　甲基磺酸在锡电解精炼过程中的构效关系 …… 77
4.1.2　苯酚磺酸在锡电解精炼过程中的构效关系 …… 81
4.1.3　酚羟基在锡电解精炼过程中的作用机制验证 …… 85
4.2　牛磺酸对锡电解精炼过程的影响 …… 89
4.2.1　电解液 Sn(Ⅱ)稳定性 …… 89
4.2.2　Sn(Ⅱ)阴极沉积行为 …… 91
4.2.3　阴极锡表面形貌 …… 91
4.2.4　阴极电位 …… 92
4.2.5　电流效率 …… 92
4.3　本章小结 …… 93
参考文献 …… 95

5　锡电解精炼用生物提取物添加剂的开发与应用 …… 96

5.1　苯磺酸钠对锡电解过程的影响 …… 96
5.1.1　阴极锡沉积过程 …… 96
5.1.2　阴极锡形貌 …… 98
5.1.3　电解液稳定性 …… 99
5.1.4　电流效率 …… 99
5.2　白藜芦醇对锡电解过程的影响 …… 100

5.2.1　阴极锡沉积过程 …… 100
5.2.2　阴极锡形貌 …… 102
5.2.3　电解液稳定性 …… 103
5.2.4　电流效率 …… 103
5.3　生物提取物对锡电解过程的影响 …… 104
5.3.1　阴极锡沉积过程 …… 104
5.3.2　阴极锡形貌 …… 107
5.3.3　电解液稳定性 …… 108
5.3.4　电流效率 …… 109
5.4　黄瓜提取液中主要化学成分对锡电解过程的影响 …… 111
5.4.1　阴极锡沉积过程 …… 111
5.4.2　阴极锡形貌 …… 113
5.4.3　电解液稳定性 …… 114
5.4.4　电流效率 …… 115
5.5　复合添加剂提取液对锡电解过程的影响 …… 116
5.5.1　阴极锡沉积过程 …… 117
5.5.2　阴极锡形貌 …… 119
5.5.3　电解液稳定性 …… 119
5.5.4　电流效率 …… 120
5.6　锡电解精炼工艺参数优化 …… 121
5.6.1　硫酸浓度 …… 122
5.6.2　硫酸亚锡浓度 …… 123
5.6.3　电解温度 …… 124
5.6.4　电流密度 …… 126
5.7　本章小结 …… 127
参考文献 …… 128

6　锡电解精炼用添加剂研究展望 …… 129

1 概　　述

1.1 锡及其主要化合物的物理化学性质

1.1.1 金属锡

锡的元素符号是 Sn，源自拉丁语 stannum，其英文为 tin。锡的相对原子质量为 118.69，原子序数为 50，属第Ⅳ主族元素，位于同族元素锗和铅之间。故锡的许多性质与铅相似，且易与铅形成合金[1]。

1.1.1.1 金属锡的物理性质

锡是银白色金属，锡锭表面因氧化而生成一层珍珠色的氧化物薄膜。其表面光泽与杂质含量和浇铸温度有很大的关系，浇铸温度越低，则锡的表面颜色越暗。当铸造温度高于 500℃时，锡的表面易被氧化成膜呈现珍珠色泽。锡中所含少量杂质，如铅、砷、锑等能使锡的表面结晶形状发生变化，并使其表面颜色发暗[1]。

锡相对较软，具有良好的展性，仅次于金、银、铜，容易碾压成 0.04mm 厚的锡箔，但延性很差，不能拉成丝。锡条在被弯曲时，由于锡的晶粒间发生摩擦并被破坏从而发出断裂般响声，称为“锡鸣”[1]。

锡有 3 个同素异形体：灰锡（α-Sn）、白锡（β-Sn）和脆锡（γ-Sn），其相互转变温度和特性如图 1.1 所示。人们平常所见到的多为白锡。白锡在 13.2～161℃之间稳定，低于 13.2℃即开始转变为灰锡，但其转变速度很慢。当过冷至-30℃左右时，转变速度达到最大值。灰锡先是以分散的小斑点出现在白锡表面，随着温度的降低，斑点逐渐扩大布满整个表面，随之碎成粉末，这种现象称为“锡疫”。所以，锡锭在仓库中保管期 1 个月以内时，保温应高于 12℃；若保管期在 1 个月以上，保温应高于 20℃。若发现锡锭有腐蚀现象时，应将好的锡锭与腐蚀的锡锭分开

	灰锡 (α-Sn)	13.2℃ →	白锡 (β-Sn)	161℃ →	脆锡 (γ-Sn)	232℃ →	液体锡
晶体结构	等轴晶系		正方晶系		斜方晶系		
密度/$g \cdot cm^{-3}$	5.35		7.03		6.55		6.99
特征	粉状		块状，有延展性		块状，易碎		

图 1.1 锡的同素异形体性质和转变温度[1]

堆放，以免“锡疫”的发生和蔓延。另外，在寒冷的冬季，最好不要运输锡。锡若已转变为灰锡而成粉末，可将其重熔便可复原，在重熔时加入松香和氯化铵可减少氧化损失[1]。

固态锡的密度在20℃时为7.3g/cm^3，液态锡的密度随着温度升高而降低，其具体关系见表1.1。熔融状态下（320℃），锡的黏度很小，只有0.001593Pa·s，所以，锡流动性很好，这给冶炼回收带来一定的困难。故在冶炼作业时，应采取有效措施，防止或减少漏锡，以提高锡的直接回收率和冶炼回收率。锡的熔点为231.96℃，沸点为2270℃。由于其熔点低，因此易于在精炼锅内进行火法精炼；而真空精炼法则是利用其较高沸点的性质来除去粗锡中所含易挥发的铅等杂质元素[1]。

表1.1　锡的密度与温度的关系

温度/℃	250	300	500	700	900	1000	1200
密度/g·cm^{-3}	6.982	6.943	6.814	6.695	6.578	6.518	6.399

1.1.1.2　金属锡的化学性质

锡原子的价电子层结构为$5s^2 5p^2$，容易失去$5p$亚层上的两个电子，此时外层未形成稳定的电子层结构，倾向于在失去$5s$亚层上的两个电子以形成较稳定的结构，所以锡有+2和+4两种化合价。锡的+2价化合物不稳定，容易被氧化成稳定的+4价化合物。因此，有时锡的+2价化合物可做还原剂使用[1]。

常温下锡在空气中稳定，几乎不受空气影响，这是因为锡的表面生成一层致密的氧化物薄膜，阻止了锡的继续氧化。锡在常温下对许多气体和弱酸或弱碱的耐腐蚀能力均较强，锡能保持其银白色的外观。因此，锡常被用来制造锡箔和用来镀锡。但当温度高于150℃时，锡能与空气作用生成SnO和SnO_2，在炽热的高温下，锡会迅速氧化挥发[1]。

锡在常温下与水、水蒸气和二氧化碳均不反应。但在610℃以上时，锡会与二氧化碳反应生成二氧化锡，在650℃以上时，锡能分解水蒸气，生成SnO_2和H_2。

常温下锡即与卤素，特别是与氟和氯作用生成相应的卤化物。加热时，锡与硫、硫化氢或二氧化硫作用生成硫化物。

锡的标准电极电位为-0.136V，但由于氢在金属锡上的过电位较高，因此锡与稀酸作用较缓慢，与许多有机酸基本不起作用。在热的硫酸中，锡按式（1.1）发生反应生成硫酸锡：

$$Sn+4H_2SO_4 = Sn(SO_4)_2+2SO_2+4H_2O \tag{1.1}$$

加热时，锡与浓盐酸作用生成$SnCl_2$和氯锡酸（H_2SnCl_4和H_2SnCl_3），如通入氯气，锡可全部变成$SnCl_4$。

锡与浓硝酸反应生成偏锡酸（H_2SnO_3）并放出 NH_3、NO 和 NO_2 等气体。锡与氢氧化钠、氢氧化钾、碳酸钠和碳酸钾稀溶液发生反应（尤其是当加热和有少量氧化剂存在时）生成锡酸盐或亚锡酸盐。饱和氨水不与锡作用，但稀氨水能与锡反应，而且其反应程度与 pH 值相近的碱液差不多。某些胺也能与锡起作用。

1.1.2 锡的主要化合物及性质

1.1.2.1 锡的氧化物

锡的氧化物最主要的有两种：氧化亚锡（SnO）和二氧化锡（SnO_2，又称氧化锡）。

A 氧化亚锡

自然界中未曾发现天然的氧化亚锡。目前，只能用人工制造获取，制造的氧化亚锡是具有金属光泽的蓝黑色结晶粉末。主要的制取方法有两种：（1）用碳酸钠或碳酸钾与氯化亚锡溶液作用，然后用沸水洗涤得到黑色沉淀，再经真空干燥便可；（2）将氨水与氯化亚锡作用，并将母液和沉淀煮沸，所生成的黑色氧化亚锡经脱水干燥后，便可得到氧化亚锡粉末[1]。

氧化亚锡是四方晶体，含锡 88.12%，相对分子质量为 134.69，密度为 6.446g/cm^3，熔点为 1040℃，沸点为 1425℃。其在高温下显著挥发。

氧化亚锡在锡精矿的还原熔炼过程中是一种过渡性产物，在高温下，其蒸气压很高。在熔炼时，氧化亚锡部分挥发进入烟尘，从而降低冶炼回收率。因此在熔炼过程中，应引起高度的重视。

氧化亚锡只有在高于 1040℃或低于 400℃时稳定，在 400~1040℃之间会发生歧化反应转变为 Sn 和 SnO_2。

氧化亚锡能溶解于许多酸、碱和盐类的水溶液中。它容易和许多无机酸和有机酸作用，因而被用作制造其他锡化合物的中间物料。氧化亚锡和氢氧化钠或氢氧化钾作用生成亚锡酸盐。亚锡酸钠和亚锡酸钾溶液容易分解，生成相应的锡酸盐和锡[1]。

氧化亚锡在高温下呈碱性，能与酸性氧化物结合形成盐类化合物，如与二氧化硅（SiO_2）生成硅酸盐，这种硅酸盐比 SnO 更难还原，因此在配料时要注意，炉渣的硅酸度不宜过高，以减少 SnO 在渣中的损失。

B 二氧化锡

它是锡在自然界存在的主要形态，天然的二氧化锡俗称锡石，是炼锡的主要矿物。天然锡石因其含杂质的不同呈黑色或褐色。工业上有许多方法制备二氧化锡，例如在熔融锡的上方鼓入热空气以直接制备二氧化锡，或在室温下用硝酸与粒状金属锡反应，生成偏锡酸再经煅烧制备二氧化锡。人工制造的二氧化锡为白色。

天然的二氧化锡为四方晶体。二氧化锡也可能以斜方晶形和六方晶形存在。

其相对分子质量为 150.69，其含锡 78.7%，密度为 7.01g/cm^3，莫氏硬度为 6~7，熔点为 2000℃，沸点约为 2500℃。在熔炼温度下，二氧化锡挥发性很小，但当有金属锡存在时，则显著挥发，这是由于两者相互作用生成 SnO：

$$SnO_2(s) + Sn = 2SnO(g) \quad (1.2)$$

在高温下，二氧化锡的分解压很小，是稳定的化合物，但容易被 CO 和 H_2 等还原，这就是用还原熔炼获得金属锡的理论基础。

二氧化锡呈酸性，在高温下能与碱性氧化物作用生成锡酸盐，常见的有：Na_2SnO_3、K_2SnO_3 和 $CaSnO_3$ 等。

二氧化锡惰性较大，不溶于酸和碱的水溶液，但是锡精矿中一些杂质却能溶于盐酸中，可以利用此性质来提高锡精矿的品位。例如，在熔炼前增设酸浸工序，以除去精矿中可溶于盐酸的杂质。

1.1.2.2 锡的硫化物

在自然界中有少数的锡硫化物存在，锡主要有 3 种硫化物：硫化亚锡（SnS）、二硫化锡（SnS_2，也称硫化锡）和三硫化二锡（Sn_2S_3）。谢夫留可夫等人研究指出，这三种硫化物相互间的转变方式为[1]：

$$2SnS_2 \xrightleftharpoons{520\sim535℃} Sn_2S_3 + 1/2S_2 \quad (1.3)$$

$$Sn_2S_3 \xrightleftharpoons{535\sim640℃} 2SnS + 1/2S_2 \quad (1.4)$$

这些研究数据说明：SnS_2 只有在 520℃以下时才是稳定的，超过此温度时便会分解为 Sn_2S_3 和 S_2；另外，当 Sn_2S_3 加热到 640℃时也会发生分解，其产物为 SnS 和硫蒸气，这表明在 640℃以上，只有 SnS 是锡的稳定化合物。SnS 是锡的 3 种硫化物中最重要的硫化物。

A 硫化亚锡

将 Sn 与 S 在 750~800℃无氧气氛中加热制得的 SnS 为铅灰色细片状晶体。将硫化氢气体（H_2S）通入氯化亚锡（$SnCl_2$）的水溶液中生成的 SnS 为黑色粉末。其相对分子质量为 150.75，密度为 5.08g/cm^3，熔点为 880℃，沸点为 1230℃，其蒸气压较大。据质谱分析，它有两种气态聚合物，即 SnS 和 Sn_2S_3。硫化亚锡的挥发性很大，在 1230℃时便可达到一个大气压（1atm = 101325Pa），这是烟化炉从熔炼炉渣及低品位含锡物料中硫化挥发回收锡的理论基础。同时，这个性质给锡精矿的熔炼带来不利，因此，还原煤和燃料煤中的含硫量越低越好，这样在熔炼过程可减少、降低锡的硫化挥发损失。

硫化亚锡不易分解，是高温稳定的化合物，SnS 和 FeS 在 785℃生成共晶（80%SnS），SnS 和 PbS 在 820℃生成共晶（9%SnS）。

在空气中加热，硫化亚锡便会氧化成 SnO_2：

$$SnS + 2O_2 = SnO_2 + SO_2 \quad (1.5)$$

这就是锡在烟化炉产出的烟化尘中以氧化锡形态存在的原因。

氯气在常温下也能与硫化亚锡作用：

$$SnS + 4Cl_2 \longrightarrow SnCl_4 + SCl_4 \tag{1.6}$$

硫化亚锡不溶于稀的无机酸中，但其可溶于浓盐酸：

$$SnS + 2HCl \longrightarrow SnCl_2 + H_2S \tag{1.7}$$

硫化亚锡还溶于碱金属多硫化合物中，生成硫代锡酸盐。硫代锡酸盐易溶于水，又可从溶液中结晶出来，电解其溶液可以在阴极上析出锡。

B 二硫化锡

二硫化锡一般采用干法制备，例如在500~600℃，加热金属锡、硫和氯化铵的混合物即可获得二硫化锡，也可在四价锡盐的弱酸溶液中通入硫化氢而沉淀出SnS_2。

无定形的二硫化锡是黄色粉末，结晶为金黄色片状三方晶体，俗称“金箔”。其相对分子质量为182.81，密度为4.51g/cm^3，它仅在低温下稳定，温度高于520℃即会分解为Sn_2S_3和硫蒸气。

二硫化锡不挥发，将其焙烧可得到氧化锡。

二硫化锡易溶于碱性硫化物，特别是Na_2S中，生成硫代锡酸盐类：

$$Na_2S + SnS_2 \longrightarrow Na_2SnS_3 \tag{1.8}$$

$$Na_2S + Na_2SnS_3 \longrightarrow Na_4SnS_4 \tag{1.9}$$

C 三硫化二锡

在中性气氛中加热硫化锡可获得三硫化二锡，但其中也混杂有少量硫化锡和硫化亚锡。其相对分子质量为333.56，密度为4.6~4.9g/cm^3，它也是只有在低温下才稳定，当温度高于640℃就分解为SnS和硫蒸气。

1.1.2.3 锡的卤化物

锡可以直接与卤素（用X表示）作用，生成二卤化物（SnX_2）和四卤化物（SnX_4），但制取SnX_2，需要控制条件。另外，诸如$Sn(Cl_2F_2)$的混合卤化物，SnF_3^-和$SnCl_6^{3-}$的阴离子，以及$Sn(BF_4)_2$等化合物也存在[1]。

SnX_2在固体状态时生成链型晶格结构，但在气体状态时则是单分子化合物。除SnF_4以外，其他SnX_4都是可溶于有机溶剂的挥发性共价键化合物。

锡的卤化物主要有：二氯化锡（$SnCl_2$，又称氯化亚锡）、四氯化锡（$SnCl_4$，又称氯化锡）、氟硼酸亚锡（$Sn(BF_4)_2$）、溴化亚锡（$SnBr_2$）与溴化锡（$SnBr_4$）、碘化亚锡（SnI_2）与碘化锡（SnI_4）等。

A 氯化亚锡

在氯化氢气体中加热金属锡或者采用直接氯化的方法可以制取无水氯化亚锡。用热盐酸溶解金属锡或者氯化亚锡可以制取水合二氯化锡。无水氯化亚锡比水合二氯化锡（$SnCl_2 \cdot 2H_2O$）稳定。

氯化亚锡为无色斜方晶体，相对分子质量为189.60，密度为3.95g/cm^3，熔点为247℃，沸点为670℃。氯化亚锡易溶于水和多种有机溶剂，如乙醇、乙醛、丙酮和冰醋酸等。

水合二氯化锡 $SnCl_2 \cdot 2H_2O$ 为白色针状结晶，它在空气中会逐渐氧化或风化而失去水分，当加热高于100℃时可获得无水二氯化锡，而在有氧的条件下加热则变成 SnO_2 和 $SnCl_4$[1]：

$$2SnCl_2 + O_2 = SnO_2 + SnCl_4 \tag{1.10}$$

若同时有水蒸气存在，则会全部转化成 SnO_2：

$$SnCl_2 + H_2O + 1/2O_2 = SnO_2 + 2HCl \tag{1.11}$$

在二氯化锡的水溶液中，锡离子容易被负电性更大的金属如铝、锌、铁等置换出来生成海绵锡。因此，其水溶液是电解液的一种主要成分。如果二氯化锡水溶液暴露在空气中，则氧化产生 $SnOCl_2$ 沉淀，如隔绝氧将其稀释，则产生 Sn(OH)Cl 沉淀。氯化亚锡的沸点较低且极易挥发，利用此性质可在含锡品位较低的贫锡中矿中提取锡。

B 氯化锡

人工制取氯化锡的方法有两种：一是将氯气通入氯化亚锡的水溶液中；另一种是在110~115℃下将金属锡与氯气直接发生反应制取无水氯化锡。氯化锡在常温下为无色液体，相对分子质量为260.5，密度为2.23g/cm^3，熔点为-33℃，沸点为114.1℃。它比氯化亚锡更易挥发，在常温时就会蒸发（这也是氯化冶金得以实现的理论基础），在潮湿的空气中会冒烟，由于水解而变得混浊，其蒸气压测定值见表1.2[1]。

表1.2 氯化锡蒸气压测定值

温度/℃	0	20	40	60	80	100	120
蒸气压/Pa	737.1	2476.7	6774.3	16289.3	34218.8	66116.8	119356.8

无水氯化锡同水反应激烈，生成五水氯化锡。五水氯化锡是白色单斜晶系结晶体，在19~56℃稳定，熔点约为60℃，极易潮解，且易溶于水和乙醇中。氯化锡能与氨反应生成复盐，能与有机物发生加成反应。在没有水存在时，氯化锡对钢无腐蚀作用，因此，氯化锡产品可以装在特殊设计的普通钢制圆桶内。

C 氟硼酸亚锡

将氧化亚锡溶于氟硼酸中，或者将锡制成锡花，置于反应器中，加入氟硼酸，然后通入压缩空气使其反应，均可以制备氟硼酸亚锡。氟硼酸亚锡含锡量为50%的水溶液即可作为工业产品。它只存在于溶液中，尚未分离出固态形式的氟硼酸亚锡。氟硼酸亚锡溶液为无色透明液体，微碱性，受热易分解，在空气中长期放置易氧化，具有腐蚀性。

D 溴化亚锡与溴化锡

溴化亚锡是将金属锡置于溴化氢气体中加热制得。在加热区附近生成物冷凝成油状液体，冷却后得到固体溴化亚锡。溴化亚锡是一种浅黄色的盐类，它呈六面柱状结晶，熔点为215.5℃，它和锡的氟化物、氯化物一样，容易溶于水。溴化锡是一种白色的、发烟的结晶物质。在溴的气氛中燃烧锡可以直接得到溴化锡。它的熔点为31℃，在加热时，它也是很稳定的。

E 碘化亚锡与碘化锡

将磨得很细的金属锡同碘一起加热时，就会生成碘化亚锡和碘化锡的混合物。采用挥发法可将它们分离开，因为碘化锡在180℃下挥发，留下的是碘化亚锡。在密封的管子中，在360℃下延长加热时间，采用金属锡还原碘化锡亦可制取碘化亚锡。碘化亚锡是一种红色结晶物质，它的熔点为316℃，稍溶于水，易溶于盐酸和氢氧化钾，还溶于氢碘酸或碘化物，生成 $HSnI_3$ 或其盐类。碘化锡是一种稳定的红色结晶固体。

1.1.2.4 锡的无机盐

常见锡的无机物有以下4种：硫酸亚锡（$SnSO_4$）、锡酸钠（Na_2SnO_3）、锡酸钾（K_2SnO_3）、锡酸锌（$ZnSnO_3$ 或 Zn_2SnO_4）。

A 硫酸亚锡

硫酸亚锡可由氧化亚锡和硫酸反应制取，也可由金属锡粒和过量的硫酸在100℃下反应若干天制取。但是，最好的制备方法还是在硫酸铜水溶液中采用金属锡置换铜的方法。另外，利用锡金属阳极在硫酸电解液中溶解的方法也可制取硫酸亚锡。硫酸亚锡为无色斜方晶体，加热至360℃时分解，可溶于水，其溶解度在20℃时为352g/L，在100℃时降为220g/L[1]。

B 锡酸钠

将二氧化锡与氢氧化钠一起熔化，然后采用浸出的方法制取锡酸钠。工业上通常是以从脱锡溶液中回收的二次锡作为制取锡酸钠的原料。由于锡酸钠常常带有3个结晶水，因此其分子式也可写成 $Na_2SnO_3 \cdot 3H_2O$ 或 $Na_2Sn(OH)_6$，其加热至140℃时失去结晶水，遇酸发生分解。放置于空气中易吸收水分和二氧化碳而变成碳酸钠和氢氧化锡。锡酸钠为白色结晶粉末，无味，易溶于水，不溶于乙醇、丙酮，其水溶液呈碱性[1]。

C 锡酸钾

将二氧化锡与碳酸钾一起熔化，然后采用浸出的方法制取锡酸钾。工业上也通常是以从脱锡溶液中回收的二次锡为原料制取锡酸钾。由于带有3个结晶水，因此其分子式也常写成 $K_2SnO_3 \cdot 3H_2O$ 或 $K_2Sn(OH)_6$。其最重要的用途是配制镀锡及其合金的碱性电解液。锡酸钾为白色结晶粉末，溶于水，溶液呈碱性，不溶于乙醇和丙酮[1]。

D 锡酸锌

锡酸锌即偏锡酸锌，其合成原理为利用锌盐的络合效应与化学共沉淀制取中间体

羟基锡酸锌 $ZnSn(OH)_6$，然后将 $ZnSn(OH)_6$ 在一定条件下热分解即可制得锡酸锌。它主要用于生产无毒的阻燃添加剂（同时具有烟雾抑制作用）和气敏元件的原料。锡酸锌为白色粉末，密度为 3.9g/cm^3，分解温度大于 570℃，毒性很低[1]。

1.2 锡资源现状

锡作为人类最早发现并使用的金属之一，具有安全、无毒、熔点低、延展性好、易与其他金属形成合金等优点，主要应用在工业、国防、航空航天等领域，是我国战略性金属原材料[1,2]。

地球上已探明的含锡矿物已经达到了 50 多种，其中具有工业冶炼价值的主要有锡石、黄锡矿、黑硫银矿等。就目前的选冶技术来说，锡石是最具有工业价值的锡矿物[3]。锡石的主要成分为 SnO_2，含锡量大约为 78.6%。但是，受自然环境的影响，锡石中通常还含有铁、钨、锂等杂质金属。工业上普遍采用重选并辅以浮选和磁选的方式来进行选矿，富集后再进行冶炼[4]。

1.2.1 全球锡资源现状

全球锡矿资源现有储量超过了 1000 万吨。世界上的锡矿资源主要分布在中国、印度尼西亚、巴西、玻利维亚、俄罗斯等国家，上述国家的锡储量已经超过世界总锡储量的 80%[5]，图 1.2 所示为世界锡矿物储量在各个国家的分布情况。进入 21 世纪后，随着信息产业迅猛发展，金属锡的消费量逐年大幅度提升，在 2015 年，锡矿总产量达到 28.9 万吨[6]。

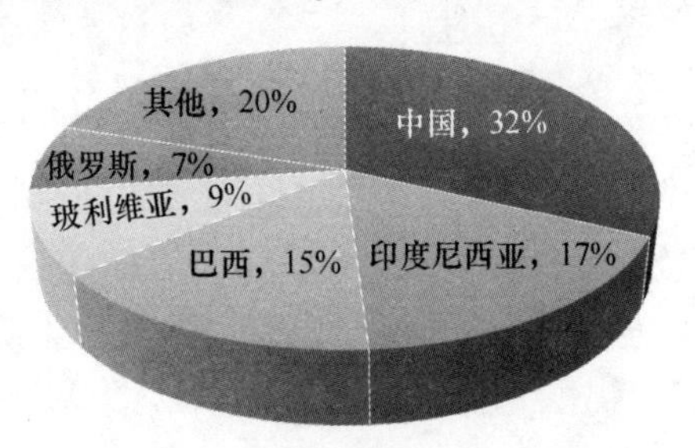

图 1.2　世界锡资源储量分布情况

1.2.2 我国锡资源现状

我国一直以来都是全球最大的锡生产国，同时也是最大的锡消费国[7]。从 21 世纪开始，我国的锡资源储量和产量呈现下降的趋势，基础储量一年之内下降了近 50 万吨。我国的金属锡消费量从 2000 年开始两年时间内增加了近 3 倍，锡消费量占全球比例由 19%增加到 50%[8,9]。

我国的锡矿资源比较丰富且分布较集中，主要分布在湖南、广东、广西、云南、江西、内蒙古[10]。锡资源在我国的分布情况如图1.3所示。我国的锡矿以原生矿为主，砂锡次之。总体上，我国锡矿品位较低，往往伴生铅、锌、铜、铁等有色金属[11]。已探明的大部分锡矿的品位在0.1%~1.0%之间。此外，我国的锡矿主要为中大型矿床，占总锡矿资源的61%[12]。

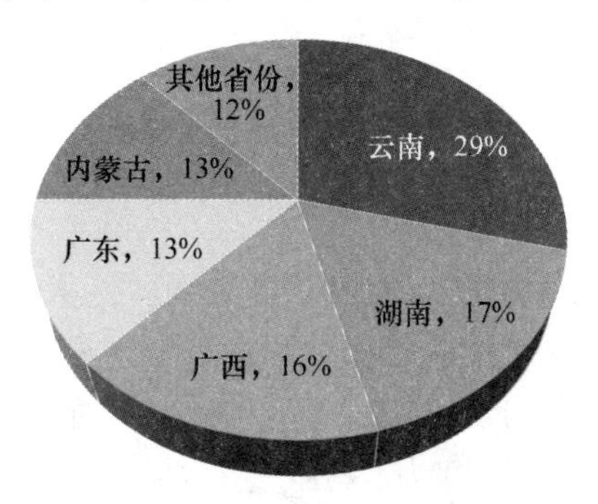

图1.3 我国锡资源分布情况

1.3 锡的二次资源

近年来，随着我国信息技术产业高速发展，我国锡的消费量不断攀升，然而我国锡矿生产速度远小于锡矿的消费速度，锡矿资源储量逐年下降。目前，我国锡储量不足120万吨，将在不到10年的时间内消耗完[9]。我国正在从锡的出口大国转变为进口大国，在资源短缺以及环境恶化的双重压力下，从含锡二次资源中回收并高效利用金属锡是缓解我国锡资源供应压力的关键[13,14]。含锡二次资源主要包括锡尾矿、含锡废水、含锡烟尘、废旧电路板中的焊锡等[15]，从这些含锡二次资源中高效回收金属锡是当前研究热点。

1.3.1 含锡尾矿

最具开采价值的锡资源是锡石。锡石采矿后，通常先用分离法进行富集，再进行重选，重选后锡的富集率只有80%左右，其余的锡进入尾矿，无法进一步通过选矿富集。这一部分尾矿中的锡难以得到有效的回收，如果直接排放，不仅会浪费锡资源，还会污染环境[16,17]。

真空碳热还原熔炼是从含锡尾矿中提取金属锡的一种有效方法[18]。真空碳热还原法即在真空条件下用碳或含碳化合物在高温下将金属锡还原出来，具有操作流程简单、绿色环保、成本低的优点。

真空碳热还原法可将含锡尾矿中的铅和锑选择性脱除。尽管铅和高价锑的混合氧化物挥发性差，经真空还原，铅和高价锑的混合氧化物转变成挥发性较大的Sb_2O_3和PbO，并进入气相得到脱除。当铅和锑脱除后，通过真空碳热还原法可以获得粗锡[19,20]。

文献［21］采用碳热还原法从锡尾矿回收金属锡时，加入碳酸钙作为添加剂，可以使回收的锡纯度达到96%。此外，还原产生的炉渣含有钙铌钽氧化物，提高了尾矿附加值。文献［22］报道了采用磁化焙烧—磁选工艺从高钙型含铁尾矿（含铁35.53%，锡0.56%）中分离回收锡和铁，在无烟煤/矿比为2.5∶100、850℃下焙烧30min、磨矿时间10min、磁场强度0.1T的最佳工况下，获得了铁含量为66.3%（质量分数）、锡含量为0.07%的磁铁精矿。

1.3.2 含锡烟尘

在锌的火法冶炼过程中会产生大量的含锡烟尘，从烟尘中回收有价金属锡具有重要的经济效益[23]。中南大学李伟[24]采用真空蒸发的方法进行了锡烟尘的脱砷预处理，考察了蒸发温度、蒸发时间和体系压强等因素对烟尘蒸发率的影响。实验结果表明，当蒸发温度为673K，蒸发时间为30min，体系压强为40Pa时，烟尘蒸发率为16.2%，蒸余物中砷含量降至1.12%，砷的脱除率达92.7%，为锡烟尘再利用创造了良好的条件。

1.3.3 含锡废水

工业废水是一种重要的二次资源，根据不同行业特点，工业废水所含有价金属各不相同。对工业废水进行有价金属回收不仅可以防止重金属污染，还可产出可观的经济效益[25]。含锡工业废水回收锡的方法主要有化学沉淀法、离子交换法、吸附法、膜法以及生物法等[26~31]。

文献［32］报道了一种液-液萃取-还原法从氧化铟锡蚀刻废水中回收金属锡的方法。以氧化铟锡蚀刻废水为原料，用Cyanex272对锡和钼进行两级萃取（Cyanex272与蚀刻水的体积比为1∶1），洗涤时间5min，分相时间1min，往有机负载相中加入NH_4OH以淋洗金属钼，再加入NaOH以反萃有机相中的锡，锡的回收纯度可达99%。此外，文献［33］报道了沉淀-混凝-微滤工艺从废水中回收金属锡。以90mg/L的Na_2CO_3作为Sn^{2+}的沉淀剂，搅拌一段时间后添加$FeCl_3$，静置沉降15min，然后进行微滤，该工艺锡的回收率高达99.97%。

1.3.4 废弃电路板

近年来电子信息产业发展迅猛，随着大量电子信息设备报废或更新换代，我国电子废弃物产量迅猛增长[34,35]。近年来，我国44%的精锡被用于电子信息产业。为了维持电子信息产业可持续发展，从电子废物中回收金属锡刻不容缓[36,37]。据报道，二次资源生产的锡占全球锡消费量的30%以上。

废弃电路板中含有铜、锡、铅及少量金、银等贵金属。废旧电路板一般需要先经过热解才能进行下一步工序。废旧电路板经过热解后用酸浸法浸出金属锡，

加入 O_2、$FeCl_3$、H_2O_2 等具有氧化性质的物质可以加快浸出过程；加入金属锡和 Na_2S 可以将浸出液中的 Cu^{2+} 和 Pb^{2+} 沉淀除去，剩余含锡溶液可以作为电解液使用[38]。湿法冶炼技术因为其操作温度低而被广泛应用于从含多氯联苯的废弃电路板中回收金属锡，其中盐酸和硝酸是最常用的浸出剂[36,39,40]。除了酸性浸出，还可采用酸/碱联合浸出[41~44] 从废旧合金中回收锡。先将废旧合金废料用 HCl/HNO_3 在 80℃浸出 1.45h，再加入 NaOH 调节 pH 值为 2.0~2.8 之间，得到水合氧化锡，锡的直收率高达 99.5%。

1.4 粗锡的精炼

锡精矿经冶炼后可得到含杂质较多的粗锡，粗锡中的主要杂质有 Fe、Pb、As、Sb、Cu、Bi 和 S 等，由于杂质对锡的性质有较大的影响，致使粗锡不能直接使用。杂质对锡性质的影响如下[45]：

（1）Fe。当 Fe 的含量在 0.005%以下时，其对锡的性质没有显著影响；但当 Fe 含量达到 1%以上时，Sn 可与 Fe 形成 $FeSn_2$ 化合物，从而使 Sn 的硬度增大。

（2）Pb。因为含铅化合物具有毒性，所以镀锡中的 Pb 含量不应超过 0.04%。例如，马口铁镀锡所用的精锡要求铅含量低于 0.015%，以保证镀锡马口铁罐装食品的安全。

（3）As。由于 As 有剧毒，因此当锡用于食品包装时，As 的含量需要控制在 0.015%以下。此外，As 会增加锡的黏度，导致锡外观和塑性变差。

（4）Sb。当 Sb 含量在 0.24%以下时，对锡的硬度和其他力学性能无明显影响，但当 Sb 含量升至 0.5%时，锡的硬度及抗拉强度增大，同时，锡的延展性显著恶化。

（5）Cu。电镀用锡中 Cu 的含量越少越好，少量 Cu 存在会降低镀锡的稳定性。

（6）Bi。当 Bi 含量达到 0.05%时，锡的拉伸强度和布氏硬度显著增大，分别为 13.72MPa 和 4.6。

鉴于上述杂质对金属锡性能的不利影响，粗锡必须经过精炼提纯以生成满足工业应用的精锡。粗锡的精炼可分为火法精炼和电解精炼两种工艺。

1.4.1 火法精炼

粗锡的火法冶炼具有悠久的历史，目前大部分炼锡厂采用的都是火法精炼，其精锡产量约占总量的 90%。火法精炼粗锡的主体流程如图 1.4 所示，在冶炼过程中利用杂质与锡对氧、硫亲和力的差别来达到精炼的目的，其中每个处理过程都能够剔除一种或几种杂质，当然有的杂质需要通过多个处理工序才能脱除，例如，砷的脱除包含凝析法除铁、砷，加铝除砷、锑和除残余铝三个工序[46]。火法精炼的优点是生产能力高、设备简单、在整个精炼过程中锡的积压量较少，同时火法精炼使得杂质能够依次富集于渣中，为综合回收这些杂质金属提供了便利；但火法精炼产生的精炼渣大部分需要人工捞渣，劳动强度大，作业环境差且存在锡在渣中的机械夹杂损失，锡的回收率较低。

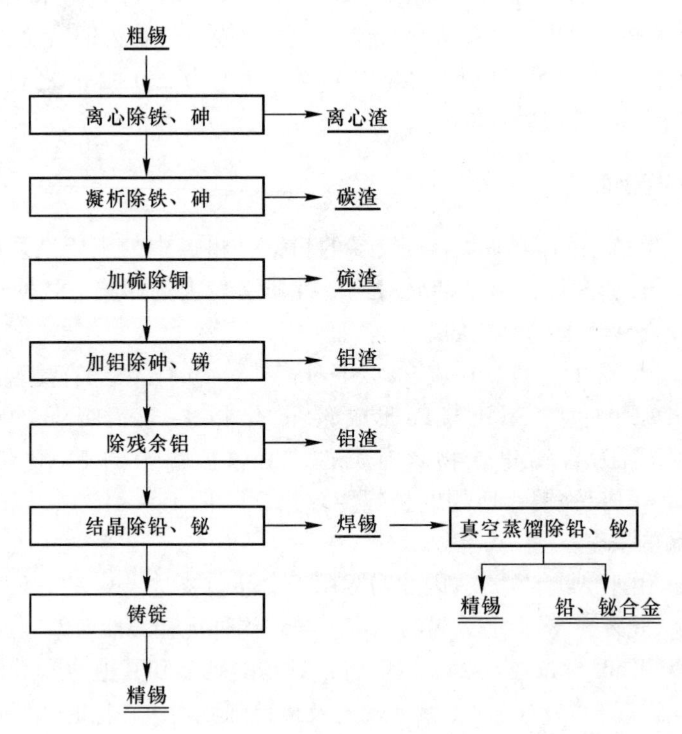

图 1.4 粗锡火法精炼流程

当粗锡铁、砷含量高时（生产中称为乙粗锡），采用离心除铁、砷的方法得到铁、砷含量较低的粗锡（甲粗锡）；紧接着利用凝析法除去甲粗锡中的铁、砷。将乙粗锡加热到锡熔点（232℃）以上，利用锡与锡化合物熔点、不混溶和密度的差异，使得液体锡与渣分离，从而达到除铁、砷的目的[47]。如此可除去大部分铁、砷，但不能达到精锡的标准，仍需凝析法继续处理。凝析法的原理是当液体锡冷却时加入锯木屑，利用铁和砷在锡液中溶解度减小的特性，在达到饱和时，铁、砷以固体形式析出；同时会产出含锡约 60%、含砷约 8%的碳渣，碳渣约占总处理量的 2%~5%[13]。

凝析法除铁、砷之后，在 250℃下，加入硫黄除铜容易将锡中含铜量降低至痕量，此方法的原理是铜比锡更易与硫亲和，从而可生成熔点高（1130℃）、密度小且与锡不混溶的产物（Cu_2S），易于在液体锡表面形成硫渣。考虑到硫的燃烧损失，实际加入量应比理论量过量 10%~20%。加硫应慢慢加入，因为加入过快容易导致硫在锡表面发生燃烧从而影响硫的利用率，进而不利于除铜反应的进行。加硫除铜产生的硫渣中含铜为10%~22%，渣率为2%~4%，硫渣经浮选、焙烧、浸出得到硫酸铜，回收率可达70%。

粗锡中的砷经凝析法处理之后残留含量在0.15%左右，仍达不到精锡的标准，还需进一步除砷。目前，国内外普遍采用加铝除砷、锑的方法[48]。该方法的原理是铝与砷、锑会生成熔点高、密度小的化合物，从而可与锡液分层析出。铝与砷、锑的反应均极易进行且可生成难熔化合物，但铝优先与砷反应，之后才与锑反应。根据As-Al相图分析可知，铝和砷易生成熔点为1740℃的AlAs合金，该合金的含砷量为73.4%、含铝量为26.6%，其质量比为As：Al=1：0.36；根据Sb-Al相图分析可知，铝和锑极易生成熔点约为1081℃的AlSb合金，该合金含锑量为81.8%、含铝量为18.2%，其质量比为Sb：Al=1：0.22[49]。

在铝除砷、锑的反应过程中，锡液中常常会有Al残留，此时需要将剩余铝除去，一般有两种方法：其一是空气氧化法，将锡液加热到300℃以上，通过搅拌使锡液与空气充分接触，从而使Al氧化造渣；第二种方法就是将锡液加热到240℃，然后向锡液中缓慢加入NH_4Cl除去铝，反应为

$$4Al + 12NH_4Cl + 3O_2 = 4AlCl_3 + 6H_2O + 12NH_3 \quad (1.12)$$

在加铝除砷、锑和除残余铝的过程中，会产生一种名为铝渣的精炼渣。铝渣是一种比较复杂的混合粉状物料，由除砷铝渣、除锑铝渣和残余铝渣组成，产渣率约为2%。在实际生产中，铝渣的处理工艺为：苏打焙烧、水浸出脱砷、铝，浸出渣还原熔炼得到合金[50]；但由于生成铝渣造成锡的损失增加，且铝渣属于高锑渣，其中锑属于有毒金属会对环境造成破坏，因此有必要通过电解精炼达到分离锑的目的。可采用$SnSiF_6$-H_2SiF_6-$PbSiF_6$混合电解液进行电解，其中锡、铅最终在阴极被还原得到粗锡，铜、银、锑等则进入阳极泥得到富集，如此可达到回收锡、铅、锑的目的[51~53]。

铅、铋是粗锡中常见的杂质。国外常采用钙镁法脱除金属铋。而锡铅分离主要利用两者蒸气压的差异来实现。为降低粗锡中的铅含量，可对含锡矿物进行预处理脱铅[54]。例如，用盐酸浸出锡精矿可以除去包括铅在内的多种杂质，但该方法存在盐酸消耗大、成本高的缺点。对铅含量较低的锡精矿可进行氯化焙烧脱铅。

结晶法除铅在我国20世纪40年代时就用于工业生产。最初是利用人工溜槽、结晶放液的方法生产精锡和焊锡。在1965年制成了连续结晶的设备，1976年又改进为电加热，使得粗锡除铅、铋工艺达到了世界先进水平[55]。电热连续结晶是粗锡除铅、铋的重要方法，其具有连续作业、低耗、物料适应性强、劳动强度低等优点，而且铅的去除率高达99.9%，铋的去除率能达到98%[56]。由Sn-Pb相图可知，在183℃时，粗锡会在共晶点附近形成焊锡（含Sn 61.9%、

Pb 38.1%)，粗锡中的铅都进入了焊锡，且会有两倍于铅的锡遗留在焊锡中。同时铋也随铅一起进入焊锡，因此连续结晶法必然得到两种产物：精锡与焊锡[57]。

对于焊锡的处理，可将焊锡铸成阳极板，随后通过电解分离铅、铋。电解液可选择盐酸-氯化亚锡体系或氟硅酸体系。前者可使锡、铅分离，锡在阴极析出再通过火法精炼得到精锡，而铅则以 $PbCl_2$ 的形式进入阳极泥，经石灰处理后得到粗铅。后者可以产出高品质锡铅焊料，经济效益好[58,59]。然而，电解除杂也存在流程长、金属回收率低、氯化亚锡车间污染大、加工成本较高等缺点。以上介绍的是常压下的火法精炼除杂，常压下的火法精炼虽有许多优点，但也存在渣量过多、烟尘过多等缺点。真空蒸馏法作为冶金领域的一项新技术，其原理是根据合金各组元蒸气压的差异进行主体金属与杂质的分离[20]。与常压火法精炼相比，真空冶金具有安全高效、原料适应性强、能耗低以及流程简单等优点[52,60]。真空精炼焊锡可以很好地解决电解精炼焊锡所存在的问题。从 20 世纪 50 年代开始国内外便开始研究真空蒸馏法，并取得了小型试验的成功；至 20 世纪 60 年代开始进行扩大试验。真空蒸馏精炼焊锡的成果展示了其取代电解精炼焊锡的潜力[21]。

1.4.2　电解精炼

通过电解精炼生产的锡约占世界总锡产量的 10%。1915~1917 年美国的彼特-安堡工厂率先采用硅氟酸电解液体系进行粗锡电解，1917 年则采用硫酸-硅氟酸体系进行粗锡电解精炼，1920 年则使用硫酸-酚磺酸体系进行粗锡电解精炼。20 世纪 50 年代，上海冶炼厂采用盐酸体系电解焊锡产出了 1 号精锡[61]。同时，广州冶炼厂是国内最早采用硫酸体系电解粗锡、硅氟酸体系电解焊锡的[62]。以上介绍的是粗锡的酸性电解体系。而粗锡的碱性电解开始于 1902 年的英国，并成功地应用于英国的布特厂及澳大利亚、德国等地。

相较于火法精炼，电解精炼具有能通过一次作业即可剔除粗锡或焊锡中的大部分杂质，并得到高纯精锡或精焊锡的优点[63,64]。电解精炼还具有流程简单、锡直收率高、有价金属富集比高、可实现自动化操作和操作环境好等优点。但粗锡电解精炼的投资费用较大、占地面积大，且所需周转锡多、生产周期较长，同时由于锡的价值也比较昂贵，因此电解精炼粗锡的发展受到限制。只有当需要提炼贵金属、需要产出高品质精锡时，才使用电解工艺。在工业生产中粗锡的电解体系按照电解液种类通常分为两类：酸性体系、碱性体系[65,66]。

1.4.2.1　粗锡电解时杂质的行为

锡精矿经冶炼后可得到含杂质较多的粗锡，粗锡中杂质常见的有 Fe、As、Sb、Cu、Pb、Bi 和 S 等。杂质金属与金属锡的标准电位见表 1.3，由于杂质金属与金属锡电位的不同，在电解时可以通过控制槽压使锡与杂质分离，达到粗锡电解精炼的目的。

表 1.3 常见电对的标准电极电位

电对	Zn^{2+}/Zn	Fe^{2+}/Fe	In^{3+}/In	Sn^{2+}/Sn	Pb^{2+}/Pb	$2H^+/H_2$
E/V	-0.763	-0.44	-0.335	-0.136	-0.126	0
电对	Sb^{3+}/Sn	Bi^{3+}/Bi	As^{3+}/As	Cu^{2+}/Cu	Ag^+/Ag	Sn^{4+}/Sn^{2+}
E/V	0.100	0.200	0.247	0.337	0.799	0.150

Pb、Sb、Bi、As、Cu、Ag等电位在锡之后的金属，在电解时因为不易溶解成离子态进入溶液中，一般呈不溶化合物形式残留在阳极中，或虽有部分溶解但因生成难溶物质而附着在阳极表面上形成阳极泥，如此会增加阳极发生钝化的可能性，增大析氧反应发生的可能性，因此需要控制此类金属的含量。而In、Fe、Zn等电位在锡前面的金属，在电解时会因为先于锡氧化溶解，又迟于锡还原析出，从而会富集于电解液中。这些杂质的具体影响分述如下[67~70]：

（1）Fe。铁是锡阳极中主要的负电性金属。铁在阳极氧化溶解后以Fe(Ⅱ)形式进入电解液中，同时在阳极附近又会被快速氧化为Fe(Ⅲ)，Fe(Ⅲ)在阴极又被还原为Fe(Ⅱ)，这种氧化-还原行为使电流效率降低，所以阳极中铁的含量不应过高。当含铁量在0.01%~0.2%之间时，同时电解液富集量在1g/L以下时，电解液中铁的累积速度是很慢的，因此其对电流效率基本无影响。实践证明，阳极中90%的铁进入阳极泥中，滞留在电解液的铁为2%~4%，其余则进入精锡中。

（2）Pb。作为与锡电位相近的主要杂质金属，铅是易于在阳极溶出、在阴极沉积的。但当电解液体系为硫酸体系时，阳极溶解的Pb(Ⅱ)会与SO_4^{2-}生成难溶的$PbSO_4$沉淀，继而覆盖于阳极表面。当阳极中铅含量超过1.5%时，超过95%的铅会进入阳极泥，使阳极表面覆盖的固膜加厚，导致阳极电位升高、槽电压增大，造成阳极的钝化；电位升高到一定值后，会发生析氧反应，不仅阳极变黑、电解液沸腾，而且也会造成阴极锡质量的恶化。因此在生产过程中除了控制阳极铅含量在0.5%~1.0%之内，还必须控制好操作条件及加入NaCl等添加剂抑制铅的危害。

（3）Bi。铋是影响阴极质量的主要元素之一。电解时铋以Bi(Ⅲ)形式进入电解液中，其中一部分会与As(Ⅲ)生成溶解度较小的砷酸盐类物质；还有一部分被Sn(Ⅱ)还原而富集在阳极泥中；剩余的Bi(Ⅲ)则进入电解液中与H_2SO_4生成不溶性的铋盐覆盖在阳极表面，造成阳极钝化。但当技术条件失控时，可能会使铋在阴极沉积，导致阴极含铋量增加，造成阴极品质的降低。在电解液中加入重铬酸钾会使阴极含铋量略有降低，这是因为重铬酸钾与Bi(Ⅲ)反应生成了络合物沉淀：

$$Cr_2O_7^{2-} + 2Bi^{3+} + 2H_2O = 4H^+ + (BiO)_2Cr_2O_7 \tag{1.13}$$

（4）Cu、Ag。一般认为铜、银在电解过程中会进入阳极泥。虽然阳极中的铜会与 H_2SO_4 作用生成 $CuSO_4$，但由表 1.3 可知，溶液中大量的 Sn(Ⅱ)会将铜还原使之进入阳极泥。约有 95%的铜会进入阳极泥中，因此铜在电解液中的积累是不明显的。

（5）As、Sb。与锡相比，两者电位均较正，理论上均因不被氧化而存在于阳极泥中。但当操作条件变化时，会发生锑的溶解，但如铜一样会被 Sn(Ⅱ)还原进入阳极泥中，阳极泥的附着程度与锑的含量有关，一定量的锑对防止阳极泥的脱落是有利的。As、Sb 以 As(Ⅲ)、Sb(Ⅲ)形式进入电解液中会与硫酸作用生成相应的硫酸盐，但很快硫酸盐会水解为亚砷酸、亚锑酸。同时 As、Sb 不同价的氧化物如 As_2O_3、As_2O_5、Sb_2O_3、Sb_2O_5 会形成粒度细小的悬浮物，从而影响阴极质量。向电解液中添加 Cl^- 能控制 As、Sb 氧化物的形成；同时 Na^+ 可与砷酸、锑酸形成砷酸钠、锑酸钠，从而减弱其对阴极质量的影响。实践证明，砷会以机械夹杂的方式影响阴极质量；而当锡阳极中锑含量高于 3%时，阳极泥会因为硬化而不易脱落。

1.4.2.2　粗锡的碱性电解工艺

碱性电解精炼主要应用于锡的再生产业，也用于低品位锡矿的精炼；碱性电解精炼一般在高温下进行[71]。碱性电解体系主要有两种：硫代锡酸盐（Na_4SnS_4-Na_2S）电解液和苛性碱-锡酸盐（NaOH-Na_2SnO_3）电解液[72]。

（1）硫代锡酸盐电解液是将硫溶于 15%的 Na_2S 溶液中制备而成。由于缺少 Sb，阳极泥松软不易黏附在阳极上；且电解液需加热到 85℃，同时应覆盖电解液防止挥发、氧化，此时得到的阴极是光滑的，不需要添加剂，但是此过程的电能成本是高于酸性体系的。此种电解体系不适合处理含 As、Sb 高的阳极，但对含 Pb、Bi 的阳极适应性较好，这是因为 Pb-Bi 和 Ag 可呈易于回收的形态。

（2）以锡酸钠为主的电解液的工艺条件为：5%～6%的 NaOH、1.5%～2.5%的 Na_2SnO_3，电流密度为 100～130A/m^2，作业温度在 60～95℃之间[73]。电解液上覆盖油或脂，以防止吸收 CO_2。该体系适合处理再生锡体系，很难除去 Pb、Bi，但对 As、Sb、Cu 的脱除效果较好。

1.4.2.3　粗锡的酸性电解工艺

粗锡的酸性电解体系是以纯锡（始极片）作为阴极，粗锡浇铸成阳极板作为阳极。

阴极的主要反应有：

$$Sn^{2+} + 2e \longrightarrow Sn \qquad \varphi^{\ominus} = -0.136V \tag{1.14}$$

$$2H^+ + 2e \longrightarrow H_2 \qquad \varphi^{\ominus} = 0V \tag{1.15}$$

因为 H^+ 还原成 H_2 的标准电位比 Sn^{2+} 还原为 Sn 的电位正，所以理论上 H^+ 应该在阴极优先析出，但是生产实践表明阴极上发生的主要反应是式（1.14）。这

是因为 H^+ 在金属锡上的析出过电位很大[74]，使得其析出电位由零变为负值，且比锡的标准电位更负。如此则使 Sn(Ⅱ) 比 H^+ 优先从阴极上还原析出。在 25℃下，氢在金属锡上的超电压见表 1.4，过电位随电流密度的增大而增大。

表 1.4 氢在锡上析出的过电位

电流密度/$A \cdot m^{-2}$	10	50	100	500	1000
氢在锡上的析出过电位/V	0.856	1.025	1.076	1.85	1.223

阳极进行的主要反应有：

$$Sn - 2e \longrightarrow Sn^{2+} \qquad \varphi^{\ominus} = -0.136V \tag{1.16}$$

$$2H_2O - 4e \longrightarrow O_2 + 4H^+ \qquad \varphi^{\ominus} = +1.229V \tag{1.17}$$

$$4OH^- - 4e \longrightarrow O_2 + 2H_2O \qquad \varphi^{\ominus} = +0.401V \tag{1.18}$$

与锡在阳极上的析出电位相比较，氧的析出电位更正，所以一般而言不会发生 O_2 的析出反应，阳极主要发生的是金属的电化学溶解；但当阳极发生钝化时，则会发生析氧反应，O_2 会通过氧化电解液中的 Sn(Ⅱ) 使主盐浓度降低；所以需要控制电解条件避免阳极发生钝化。

由于硫酸成本低、来源广，粗锡电解精炼广泛采用硫酸体系。工业实践中曾用过的硫酸体系有 H_2SO_4-H_2SiF_6、H_2SO_4-酚磺酸、H_2SO_4-Na_2SO_4 等电解液体系。其中 H_2SO_4-H_2SiF_6 电解工艺见表 1.5。

表 1.5 H_2SO_4-H_2SiF_6 电解液主要成分

组 成	工 艺
Sn(Ⅱ)/$g \cdot L^{-1}$	24~25
Sn(Ⅳ)/$g \cdot L^{-1}$	1~5
H_2SO_4/$g \cdot L^{-1}$	30~60
H_2SiF_6/$g \cdot L^{-1}$	35~65
温度/℃	30

由于硅氟酸体系存在成本高、电流密度低等缺点，目前，工业应用中主要采用 H_2SO_4-酚磺酸体系。在 H_2SO_4-酚磺酸体系中，酚磺酸的作用机理通常有两种解释[40~42]：(1) 由于酚磺酸的大量存在，生成了苯醌磺酸，进一步生成了较为稳定的醌氢醌磺酸。同时，此物质可与 Sn(Ⅳ) 进行氧化还原反应，从而能够稳定 Sn(Ⅱ) 的浓度。(2) 酚磺酸可直接与 Sn(Ⅱ) 发生配合反应，通过生成稳定配合物的形式达到抑制 Sn(Ⅱ) 被氧化的目的。

除了提升 Sn(Ⅱ) 稳定性，添加酚磺酸还能够增加阴极极化，从而使阴极结晶颗粒细化，有利于得到平整致密的阴极锡。常用的酚磺酸包括甲酚磺酸和苯酚磺酸，在生产实践中，既可以单独使用，也可以混合使用[76]。

酚类物质在高温下与浓硫酸进行磺化反应即可制备酚磺酸。磺化反应是指苯环上的氢被磺酸基（$—SO_3H$）所取代的反应过程。磺化反应的通式可用式（1.19）表示：

$$ArH + H_2SO_4 \longequal ArSO_3H + H_2O \tag{1.19}$$

磺化反应中 H_2SO_4 的用量应比理论计算量过量40%，磺化温度为90℃，搅拌时间为2h，静止两昼夜即可使用[77]。当磺化反应在25℃进行时，反应主要生成邻位磺酸；升温至90℃时，得到的产物则为对位磺酸。

砜的生成是磺化反应的副反应之一，是已经生成的磺酸与未经磺化的物质进行反应所生成的，其反应式见式（1.20）：

$$ArH + ArSO_3H \longequal ArSO_2Ar + H_2O \tag{1.20}$$

温度升高和磺酸生成量过多时均有利于砜的生成。显然砜的生成对磺化反应是有害的，它导致了磺化剂的损失，因此在生产中应避免砜的生成。H_2SO_4-甲酚磺酸（cresolsulfonic acid）和 H_2SO_4-苯酚磺酸（phenolsulfonic acid）电解液主要成分如表1.6和表1.7所示。

表1.6 H_2SO_4-甲酚磺酸电解液主要成分

组 成	工 艺
Sn(Ⅱ)/g·L^{-1}	20~28
Sn(Ⅳ)/g·L^{-1}	<4
总酸/g·L^{-1}	90~100
甲酚磺酸/g·L^{-1}	16~22
Cl^-/g·L^{-1}	4.5~5.5
Cr^{6+}/g·L^{-1}	2.5~2.8
明胶/g·L^{-1}	0.5~1
2-萘酚/g·L^{-1}	0.1~0.5

表1.7 H_2SO_4-苯酚磺酸电解工艺

组 成	工 艺
Sn(Ⅱ)/g·L^{-1}	24.8
Sn(Ⅳ)/g·L^{-1}	0.2
H_2SO_4/g·L^{-1}	60
甲酚磺酸/g·L^{-1}	50
甲酚/g·L^{-1}	2.4
芦荟素/g·L^{-1}	0.01
温度/℃	40

在 H_2SO_4-甲酚磺酸/苯酚磺酸电解液体系，$SnSO_4$ 作为主盐提供 Sn(Ⅱ)，当锡浓度过低时必须降低电流密度，从而导致生产效率降低。然而，浓度过高也有不利影响。当 Sn(Ⅱ) 浓度过高，Sn(Ⅱ) 易氧化生成 Sn(Ⅳ)，进而导致溶液稳定性降低、分散能力变差、阴极锡粗糙及色泽变暗。在一定范围内，提高锡浓度可增加阴极锡的沉积速度，提高电流效率。而硫酸的加入不仅能够增强电解液的导电性，还能抑制 Sn(Ⅱ) 的水解和氧化，从而保持电解液的稳定性，并能一定程度地提高阴极极化，起到细化晶粒的作用[36]。

此外，硫酸电解液体系通常需要添加两种常见添加剂，即 2-萘酚和明胶[37,38]。其中，2-萘酚是一种不溶于冷水的白色或黄色片状结晶，但溶于热水。由于其具有很强的表面活性，因此能改善阴极沉积物的附着力，从而使阴极结晶致密，同时还可以通过吸附溶液中悬浮物达到澄清电解液的目的。明胶是由多种氨基酸组合而成的高分子胶原蛋白。在酸性电解液中，明胶需用热水浸泡溶解；溶解后的高分子可与金属离子产生络合作用，使金属离子的放电受到抑制，从而加强了阴极极化作用；最后由于胶体分子容易在尖端处吸附，抑制了此处晶体的成长，从而起到细化晶粒的作用[36,38,39]。

目前，锡电解精炼主要采用的是 H_2SO_4-甲酚磺酸电解精炼体系[78,79]。因为该电解液具有成分稳定、价格低廉、阴极锡结晶致密、除杂效果良好等优点；但其缺点是在电解过程中气味重，对人体及环境存在严重的危害，同时车间工作环境较为恶劣；且在电解过程中电流效率偏低[80,81]。所以需要开发新型添加剂以取代甲酚磺酸。常用的添加剂分为抗氧化剂、络合剂和平整剂等。抗氧化剂是比二价锡更容易氧化的物质，防止锡的氧化；而络合剂可通过络合二价锡和四价锡，达到防止其氧化水解的目的；平整剂的作用是为了得到平整致密的阴极相貌。

1.5 金属电沉积理论

金属的电沉积一般包括金属离子的还原反应和电结晶两个步骤。金属的电沉积可以改变固体材料的表面性能或制取特定成分和性能的金属材料，通常发生在电解沉积、电解精炼、电镀等工序。

以电镀为例，常常以取得与基体结合力好、结晶细小、致密且成分均匀的镀层为基本质量要求，这样的沉积层本身的物理性能和化学性能优良，对基体的防护能力也较强。对于本书来说，为了获得平整度较高的阴极锡，就必须了解金属离子是如何在阴极还原、还原反应生成的金属原子又是如何形成金属晶体的。

1.5.1 金属电沉积的基本历程

金属沉积的阴极过程，一般由以下几个单元步骤串联组成[82]：

(1) 液相传质。反应粒子（离子、分子）向电极表面附近液层迁移。

（2）前置转化。反应粒子在电极表面或电极表面附近液层中进行电化学反应前的某种转化过程，如反应粒子在电极表面的吸附、络合离子配位数的变化或其他化学变化。这类过程通常没有电子参与反应，反应速度与电极电势无关。

（3）电荷传递。反应粒子在电极/溶液界面上得到电子，生成还原反应的产物。

（4）随后转化。反应产物在电极表面或表面附近液层中进行电化学反应后的转化过程。如反应产物自电极表面脱附、反应产物的复合、分解、歧化或其他化学变化。

（5）新相生成或反应后的液相传质。反应产物生成新相，如生成气体、固相沉积层等，称为新相生成步骤。或者，反应产物是可溶性的，产物粒子自电极表面向溶液内部或液态电极内部迁移，称为反应后的液相传质步骤。

1.5.2 金属电沉积过程的特点

电沉积过程实质上包括两个方面，即金属离子的阴极还原（析出金属原子）的过程和新生态金属原子在电极表面的结晶过程（电结晶）。前者符合一般水溶液中阴极还原过程的基本规律，但由于电沉积过程中，电极表面不断生成新的晶体，表面状态不断变化，使金属阴极还原过程的动力学规律复杂化；后者则遵循结晶过程的动力学基本规律，但以金属原子的析出为前提，又受到阴极界面电场的作用。金属电沉积过程具有如下特点[82]：

（1）与所有的电极过程一样，阴极过电位是电沉积过程进行的动力。然而，在电沉积过程中，不仅金属的析出需要一定的阴极过电位，即只有阴极极化达到金属析出电位时才能发生金属离子的还原反应。而且在电结晶过程中，在一定的阴极极化下，只有达到一定的临界尺寸的晶核，才能稳定存在。凡是达不到晶核临界尺寸的晶核就会重新溶解。而阴极过电位越大，晶核生成功越小，形成晶核的临界尺寸减小，这样生成的晶核既小又多，结晶才能细致。所以，阴极过电位对金属析出和金属电结晶都有重要影响，并最终影响到电沉积层的质量。

（2）双电层的结构，特别是粒子在紧密层中的吸附对电沉积过程有明显影响。反应粒子和非反应粒子的吸附，即使是微量的吸附，都将在很大程度上既影响金属的阴极析出速度和位置，又影响随后的金属结晶方式和致密性。因而是影响镀层结构和性能的重要因素。

（3）沉积层的结构、性能与电结晶过程中新晶粒的生长方式和过程密切相关，同时与电极表面（基体金属表面）的结晶状态密切相关。例如，不同的金属晶面上，电沉积的电化学动力学参数可能不同。

1.5.3 简单金属离子的阴极还原

简单金属离子在阴极上的还原历程遵循金属电沉积基本历程，其总反应式可表示为

$$M^{n+}\cdot mH_2O + ne \longrightarrow M + mH_2O \tag{1.21}$$

需要指出的是：(1) 简单金属离子在水溶液中都是以水化离子形式存在的。金属离子在阴极还原时，必须首先发生水化离子周围水分子的重排和水化程度的降低，才能实现电子在电极与水化离子之间的跃迁，形成部分脱水化膜的吸附在电极表面的所谓吸附原子。这种原子还可能带有部分电荷，因而也有人称之为吸附离子。然后，这些吸附原子脱去剩余的水化膜，成为金属离子。(2) 多价金属离子的阴极还原符合多电子电极反应的规律，即电子的转移是多步骤完成的，因而阴极还原的电极过程比较复杂[82]。

1.5.4 金属络离子的阴极还原

在络盐溶液中，由于金属离子与络合剂之间的一系列络合离解平衡，因而存在着从简单金属离子到具有不同配位数的各种络离子，它们的浓度也各不相同。当络合剂浓度较高时，具有特征配位数的络离子是金属在溶液中的主要存在形式。例如，在锌酸盐镀锌溶液中，络合剂 NaOH 往往是过量的，因此溶液中主要存在的是 $[Zn(OH)_4]^{2-}$，同时还存在低浓度的 $[Zn(OH)_3]^-$、$Zn(OH)_2$ 和 $[Zn(OH)]^+$等其他络离子及微量的 Zn^{2+}[82]。

那么，是哪一种粒子在电极上得到电子而还原（放电）呢？目前，多数人认为是配位数较低而浓度适中的络离子，如在锌酸盐镀锌溶液中是 $Zn(OH)_2$。这是因为，从上面的分析已经表明简单金属离子的浓度太小，尽管它脱去水化膜而放电所需要的活化能最小，也不可能靠它直接在电极上放电；然而，具有特征配位数的络离子虽然浓度最高，但其配位数往往较高或最高，所处能态较低，还原时要脱去的配位体较多，与其他络离子相比，放电时需要的活化能也较大，而且这类络离子往往带负电荷，受到界面电场的排斥，故由它直接放电的可能性极小。而像 $Zn(OH)_2$ 这样的配位数较低的络离子，其阴极还原所需要的反应活化能相对较小，又有足够的浓度，因而可以以较高的速度在电极上放电[82]。

如果溶液中含有两种络合剂，其中一种络离子又比另一种络离子容易放电，则往往在配位体重排、配位体数降低的表面转化步骤之前还要经过不同类型配位体的交换。如氰化镀锌溶液中存在 NaCN 和 NaOH 两种络合剂，其阴极还原过程就是如此[82]：

$$Zn(CN)_4^{2-} + 4OH^- \longrightarrow Zn(OH)_4^{2-} + 4CN^- \text{（配位体交换）}$$

$$Zn(OH)_4^{2-} \longrightarrow Zn(OH)_2 + 2OH^- \text{（配位数降低）}$$

$$Zn(OH)_2 + 2e \longrightarrow Zn(OH)_{2\,\text{吸附}}^{2-} \text{（电子转移）}$$

$$Zn(OH)_{2\,\text{吸附}}^{2-} \longrightarrow Zn_{\text{晶格中}} + 2OH^- \text{（进入晶格）}$$

最后，需要特别指出的是，络合剂的加入使金属电极的平衡电位变负，这只是改变了电极体系的热力学性质。与电极体系的动力学性质并没有直接的联系。

也就是说，络离子不稳定常数越小，电极平衡电位越负，但金属络离子在阴极还原时的过电位不一定越大。因为前者取决于溶液中主要存在形式的络离子的性质；后者主要取决于直接在电极上放电的粒子在电极上的吸附热和中心离子（金属离子）配位体重排、脱去部分配位体而形成活化络合物时发生的能量变化。例如，$Zn(CN)_4^{2-}$ 和 $Zn(OH)_4^{2-}$ 的不稳定常数很接近，分别为 1.9×10^{-17} 和 7.1×10^{-16}，但在锌酸盐溶液中镀锌时的过电位却比氯化镀锌时小得多[82]。

1.5.5 金属电结晶过程

金属电结晶过程既然是一种结晶过程，它就和一般的结晶过程，如盐从过饱和水溶液中结晶出来、熔融金属在冷却过程中凝固成晶体等有类似之处。但电结晶过程是在电场的作用下完成的，因此电结晶过程受到阴极表面状态、电极附近溶液的化学和电化学过程，特别是阴极极化作用（过电位）等许多特殊因素的影响而具有自己独特的动力学规律，与其他结晶过程有着本质的区别。目前认为电结晶过程有两种形式，一是阴极还原的新生态吸附原子聚集形成晶核，晶核逐渐长大形成晶体；一是新生态吸附原子在电极表面扩散，达到某一位置并进入晶格，在原有金属的晶格上延续生长[82]。

1.5.5.1 电结晶形核过程

金属的电结晶与盐从过饱和溶液中结晶的过程中有类似之处，即都可能经历晶核生成和晶粒长大两个过程。但金属电结晶是一个电化学过程，形核和晶粒长大所需要的能量来自界面电场，即电结晶的推动力是阴极过电位而不是溶液的过饱和度[82]。

图 1.5 给出了在恒定电流密度下，当镉自镉盐溶液中在铂电极上电沉积时，电极电位与时间的关系。在图 1.5 中，开始通电时，没有金属析出，阴极电位迅速负移，说明阴极电流消耗于电极表面的充电；当电位负移到一定值时（*A* 点），电极表面才出现金属镉的沉积，说明开始有金属离子还原和生成晶核；由于晶核长大需要的能量比形成晶核时少，故电位略变正，曲线出现回升，即过电位减小，*AB* 段的水平部分就体现了晶核长大的过程。若在 *B* 点切断电源，则结晶过程停止，但由于电极上已沉积了一层镉，因此电极电位将回到镉的平衡电位（*CD* 段），而不是铂在该溶液中的稳定电位。由此可知，在平衡电位时，是不会有晶核在阴极上形成的，只有存在一定的过电位时，晶核的形成和长大才可能发生。这与盐从溶液结晶需要一定过饱和度相当。也就是说，过电位就相当于盐结晶时的过饱和度，其实质是使电极体系能量升高，即由外电源提供生成晶核和晶核长大所需要的能量。所以，一定的过电位是电结晶过程发生的必要条件。图 1.5 中的 η_1 和 η_2 分别表示了晶核生成和长大时需要的过电位[82]。

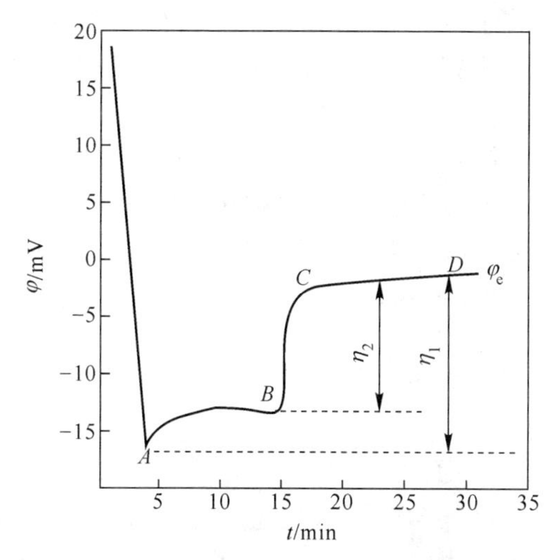

图 1.5 在 $CdSO_4$ 溶液中，镉在 Pt 电极上电沉积时阴极电位随时间的变化[82]

根据德国学者 Kossell 和 Volmer 提出并被后人用实验验证了的电结晶形核理论，在完整的晶体表面电沉积时首先形成二维晶核，再逐渐生长成为“单原子”薄层，然后在新的晶面上再次形核、长大，一层一层生长，直至成为宏观的晶体沉积层。

综上所述，电结晶形核过程有如下两点重要规律：（1）电结晶时形成晶核要消耗电能，因而在平衡电位下是不能形成晶核的，只有当阴极极化到一定值(即阴极电位达到析出电位时)，晶核的形成才有可能。从物理意义上说，过电位或阴极极化值所起的作用和盐溶液中结晶过程的过饱和度相同。（2）阴极过电位的大小决定电结晶层的粗细程度，阴极过电位高，则晶核越容易形成，晶核的数量也越多，沉积层结晶细致；相反，阴极过电位越小，沉积层晶粒越粗大[82]。

1.5.5.2 在已有晶面上的延续生长

实际金属表面不完全是完整的晶面，总是存在着大量的空穴、位错和晶体台阶等缺陷。吸附原子进入这些位置时，由于相邻的原子较多，需要的能量较低，比较稳定。因而吸附原子可以借助这些缺陷，在已有金属晶体表面上延续生长而无须形成新的晶核。

A 表面扩散与并入晶格

吸附原子可以以两种方式并入晶格。放电粒子直接在生长点放电而就地并入晶格（见图 1.6Ⅰ）；放电粒子在电极表面任一位置放电，形成吸附原子，然后扩散到生长点并入晶格（见图 1.6Ⅱ）。吸附原子并入晶格过程的活化能涉及两方面的能量变化：电子转移和反应粒子脱去水化层（或配位体）所需要的能量

ΔG_1；吸附原子并入晶格所释放的能量 ΔG_2。通常，金属离子在电极表面不同位置放电，脱水化程度不同，故 ΔG_1 明显不同，而在不同缺陷处并入晶格时释放的能量 ΔG_2 差别却不大。表 1.8 列出了零电荷电位下测定的金属离子在不同位置放电所需的活化能，证明了这一点。因此，直接在生长点放电、并入晶格时，要完全脱去配位体或水化层，ΔG_1 很大，故这种并入晶格方式的概率很小；而在电极表面平面位置放电所需的 ΔG_1 最小，虽然此时 ΔG_2 比直接并入晶格时稍大些，但总的活化能仍然最小，因此这种方式出现概率最大[82]。

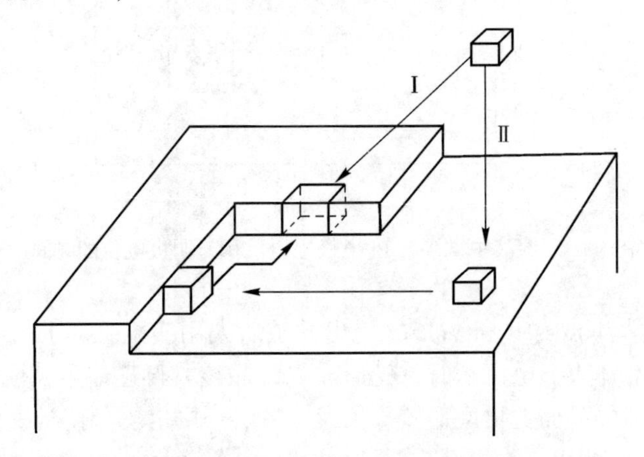

图 1.6 金属离子并入晶格的方式[82]

Ⅰ—直接在生长点放电；Ⅱ—通过扩散进入生长点

表 1.8 金属离子在不同位置放电时的活化能 (kJ/mol)

离子	晶面	棱边	扭结点	空穴
Ni^{2+}	544.3	795.5	>795.5	795.5
Cu^{2+}	544.3	753.6	>753.6	753.6
Ag^{+}	41.8	87.92	146.5	146.5

B 晶体的螺旋位错生长

实际晶体表面有很多位错，有时位错密度可高达 $10^{10} \sim 10^{12}$ 个/cm^2。晶面上的吸附原子扩散到位错的台阶边缘时，可沿位错线生长。如图 1.7（a）所示，开始时，晶面上的吸附原子扩散到位错的扭结点 O，从 O 点开始逐渐把位错线 OA 填满，将位错线推进到 OB，原有的位错线消失，新的位错线 OB 形成。吸附原子又在新的位错线上生长。位错线推进一周后，晶体就向上生长了一个原子层。如此反复旋转生长，晶体将沿位错线螺旋式长大，成为图 1.7（b）所示的棱锥体，这就是晶体的螺旋位错生长理论。这一理论的正确性已经为许多实验事实所证明。

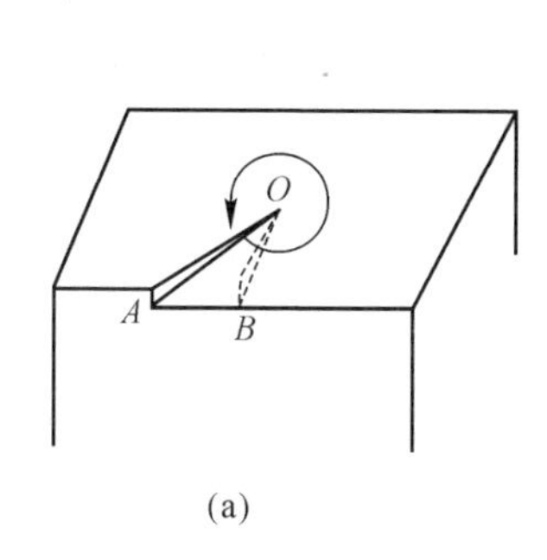

(a)

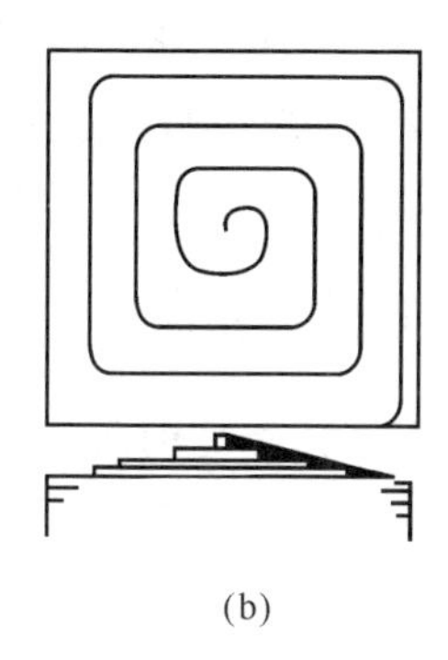

(b)

图 1.7 螺旋位错生长示意图（a）和螺旋位错推进生长成棱锥体示意图（b）[82]

随着相关学科以及电化学测试与表面分析技术的发展，在总结几十年大量实验研究成果的基础上，人们逐渐有了比较一致的观点：电结晶过程中的形核和螺旋位错生长都是客观存在的结晶方式。当阴极过电位较小时，电极过程的动力较小，电结晶过程主要通过吸附原子表面扩散、并入晶格，以螺旋位错生长方式进行。此时，由于吸附原子浓度和扩散速度都相当小，表面扩散步骤成为电沉积过程的速度控制步骤。当阴极过电位比较高时，电极过程动力增大，吸附原子浓度增加，容易形成新的晶核并长大，故电结晶过程主要以形核方式进行。与此同时，电极过程速度控制步骤也转化为电子转移步骤[82]。

1.5.6 金属电沉积方式

电沉积过程需要使用外部电源对电极的电势或电流进行控制。因此，从电极的控制方面来说，最常用的有恒电势、恒电流和脉冲电沉积等方法。

（1）恒电势沉积。恒电势是一种控制电极电势的方法，就是将工作电极的电极电势（沉积电压）固定在某一值上。通常恒电势在分析化学上用于分析物质的扩散系数，测定反应的电子数等方面。在薄膜制备方面，恒电势电沉积常用于合金或化合物薄膜的电沉积。这是因为一般情况下在恒电势下沉积的合金或化合物的成分，比在恒电流沉积得到的合金或化合物的成分更为恒定，而且在恒电势下沉积得到的合金或化合物的成分，也比恒电流沉积的合金或化合物的成分更为均匀。

（2）恒电流沉积。恒电流沉积时通过控制流经电极的电流强度来实现电沉积过程的控制。恒电流的方式比恒电势的方式简单。所以大多数的电沉积过程均采用恒电流的方式进行，如金属的电冶炼、电精炼、电铸和电镀等。

（3）脉冲电沉积。脉冲方法是电分析中常用的一种方法，在电沉积技术中已经得到了广泛的应用。从单一组分的金属到多组分的化合物、合金薄膜都可以用脉冲沉积方法得到。脉冲电沉积的主要作用是降低浓差极化，减少氢脆，改善沉积薄膜的物理性质。此外，采用交流直流叠加的方式也属于脉冲电沉积的范畴，这种方法可以提高沉积速率和减少浓差极化，同时又不至于造成析氢速率过高从而导致薄膜内应力上升、氢脆和附着力下降。

1.6 常见电解添加剂

常见的电解用添加剂通常可根据作用分为以下几类[64]：

(1) 络合作用。添加的含有酚羟基的化合物如苯酚磺酸、甲酚磺酸、萘酚磺酸等稳定剂通过与Sn(Ⅱ)、Sn(Ⅳ) 的络合作用，从而能够抑制Sn(Ⅱ) 的氧化和Sn(Ⅳ) 的水解，达到稳定电解液的目的；其中效果较好的是甲酚磺酸。

酒石酸和柠檬酸都能与Sn(Ⅱ) 有较好的络合作用，因而对电解液也有稳定作用[83,84]。其中柠檬酸型七元环螯合物的结构不稳定，所以它的络合作用相对较弱；相反酒石酸型螯合物的五元环结构非常稳定[85]。

(2) 还原作用。因为电解液中有Sn(Ⅱ)、Sn(Ⅳ) 两种离子，所以相应的还原反应就分为两种情况：

1) 稳定剂比Sn(Ⅱ) 的还原能力更强，如酚磺酸、抗坏血酸和无机还原剂V_2O_5、高铈盐和稀土化合物等[86]，它们优先与溶解氧反应，从而保护了Sn(Ⅱ)不被氧化。其中抗坏血酸被氧化为去氢抗坏血酸后，可在阴极重新被还原为抗坏血酸，所以抗坏血酸是可循环利用的。何志邦等人[87] 认为在溶液中加入V_2O_5可以维持溶液的稳定性，其作用机理是一旦Sn(Ⅱ) 被氧化为Sn(Ⅳ)，低价钒离子V(Ⅱ) 由于具有很高的活性，会迅速还原Sn(Ⅳ) 为Sn(Ⅱ)，反应过程如式 (1.22) 所示：

$$V^{2+} + H_2O + Sn^{4+} \longrightarrow Sn^{2+} + VO^{2+} + 2H^+ \qquad (1.22)$$

从而提高了电解液的稳定性；而同时生成的高价钒将继续与锡阳极发生反应生成低价钒，反应如式 (1.23) 所示：

$$Sn + VO^{2+} + 2H^+ \longrightarrow Sn^{2+} + V^{2+} + H_2O \qquad (1.23)$$

2) 加入的稳定剂具有还原Sn(Ⅳ) 的能力，但没有还原Sn(Ⅱ) 的能力，如金属锡、甲醛、硫酸肼等，它们能够将Sn(Ⅳ) 还原为Sn(Ⅱ)，从而使电解液的稳定性提高[88~90]。

(3) 阻化作用。若加入的稳定剂有亲胶体的性质，那么其可吸附在已经生成的α-锡酸表面，同时对胶体起到保护作用，使其不向β-锡酸转化，从而达到稳定电解液的目的[91]。

(4) 电位调节剂。加入的添加剂如异烟酸在电解过程中在阴极上还原生成异烟醛，相应的电位为-0.85V，而异烟醛可在阳极又被氧化为异烟酸，氧化电位为0.82V；而Sn(Ⅱ) →Sn 的还原电位为-0.58V，Sn(Ⅱ) →Sn(Ⅳ) 的氧化电位为1.23V。如此则因为异烟醛的氧化电位比Sn(Ⅱ) 的氧化电位低，所以能优先在阳极氧化，从而抑制 Sn(Ⅱ) 的氧化；同时因为异烟酸的还原电位比 Sn(Ⅱ) 的高，所以能先于 Sn(Ⅱ) 在阴极得到还原。如此循环反应可防止 Sn(Ⅱ) 的氧化[92]。

此外为获得平整致密的阴极形貌，可在电解液中加入表面活性剂。常用的有阴离子表面活性剂，如十二烷基苯磺酸钠、正辛基硫酸钠等；还有非离子表面活性剂，如聚乙二醇 6000、OP-10 乳化剂等[93,94]，这类表面活性剂因为具有抑制析氢和抑制 Sn(Ⅱ) 沉积的作用，故能得到结晶颗粒细小且平整致密的阴极形貌。而目前应用最广泛的是阳离子表面活性剂，以季铵盐类为主，如十六烷基三甲基溴化铵和十二烷基三甲基氯化铵等[95~97]。电积铜的物理和化学性质需要通过添加剂来控制，平整剂控制晶粒的形成和生长，并使阴极上结块减少的主要添加剂之一；多糖以及改性多糖是工业上应用最广的平整剂。聚丙酰胺分子可以通过界面双层中酰胺基的氢键吸附进行控制阴极表面 Cu 的横向和垂直生长，使阴极上生长的沉积物更加的均匀[98]。

乙二醇可以增加电解质的导电性，可以降低槽电压以及能耗，电解液中的钴离子可以减轻铅阳极的腐蚀以及降低阳极电位；聚甲醇可以提高 Cu 的沉积速度以及电流效率，同时还可以降低电积铜的能耗，但是聚甲醇对阴极形貌具有不利的影响，会使阴极形貌变得粗糙[99]。

瓜尔胶的加入可以抑制铜的结核生长，并使阴极更加的明亮、光滑和致密，提高阴极铜的质量。Cyquest N-900 的加入可以使铜晶核的尺寸减小，增加晶核的数量，进而提高阴极铜表面致密度。氯离子和有机添加剂可以促进铜离子的还原沉积反应，从而提高阴极铜的致密度和成分均匀度[100~102]。

月桂基硫酸钠在钴的电解过程中可以起到抗点蚀的作用。在钴的电解回收工艺中，阴极表面易出现凹坑，这主要是氢气附着的结果。电解液中加入月桂基硫酸钠表面活性剂，可以改变阴极镀层的界面性质，进而消除点蚀[103~105]。

1.7 锡电解精炼添加剂研究进展

H_2SO_4-$SnSO_4$ 电解体系在没有添加剂的情况下，电解液中的二价锡离子会迅速氧化水解导致电解液变浑浊，会使电解液中 Sn^{2+} 的浓度下降，使阴极效率降低，水解的锡胶还会吸附在阴极表面，导致沉积的阴极锡形貌变差，品质降低。并且 Sn^{2+} 在阴极的沉积速度过快，阴极极化小，会使阴极锡形貌平整度和致密度降低，长出树枝状的枝晶[106]。

为了稳定电解液中的 Sn^{2+} 以及增加阴极极化，防止其被氧化生成 Sn^{4+} 进而降低电解液稳定以及防止阴极沉积层疏松、锡枝晶呈现树枝状，需要加入明胶、萘芬和有机物作为电解添加剂[107~109,113]。工业实践常选用苯酚磺酸作为电解精炼的有机添加剂[107,110,111]。苯酚磺酸在电解过程中有两种作用机理[73]：第一种认为苯酚磺酸会生成苯醌磺酸，苯醌磺酸具有还原性，可以将 Sn^{4+} 还原为 Sn^{2+} 且可以消耗电解液溶解氧；第二种认为电解液中的 Sn^{2+} 会与苯酚磺酸形成络合物，降低了 Sn^{2+} 的氧化。然而苯酚磺酸气味重，有毒有害，会恶化劳动环境以及污染环境，随着环境法规日益严苛和“以人为本”生产理念的推广，寻求新型绿色添加剂代替苯酚磺酸势在必行。

锡电解有机添加剂根据用途的不同可以分为表面活性剂、氧化抑制剂和晶粒细化剂[112]。文献［111，113］研究了酒石酸对电镀锡的影响，发现电镀液中添加酒石酸后，有助于减少锡镀层的应变以及开裂，可以稳定镀液，提高沉积效率，还可以增加极化，减缓锡晶粒的生长速度，可以抑制锡晶粒在垂直方向上的生长，进而获得高质量的锡镀层。肖新发等人[112]研究了甲醛以及 OP 乳化剂对电镀锡的影响，发现甲醛和 OP 乳化剂对锡镀层的形貌影响较大，锡电沉积的阴极效率随着甲醛和 OP 乳化剂的浓度增加而增加，甲醛会使锡的沉积电流密度增加，OP 乳化剂会使沉积电流密度变小，沉积峰电位负移。文献［114，115］表明乙二醇的加入可以在低过电位下有效地减少析氢副反应的发生，并且乙二醇是大分子化合物，在电解过程中会吸附在阴极表面，具有细化锡晶粒的作用。甲醛、丙醛、苯甲醛、苯乙酮以及 4-甲基-2-戊酮在电解过程中可以有效地降低金属锡的扩散系数，增大阴极极化，可以使阴极上沉积的锡更加平整和致密。多种添加剂可以进行组合成复合添加剂。由对苯二酚、酒石酸钾钠、辛烷基苯酚、2-巯基苯并咪唑以及甲醛组成的复合添加剂可以提高电解液的稳定性，还能与 Sn^{2+} 配位，进而降低沉积过程中的峰值电流密度，增加阴极极化，提高阴极锡的平整度、致密度以及光亮度，这种复合添加剂可以有效减缓 Sn^{2+} 的氧化，抑制析氢副反应的发生，得到光滑致密的阴极锡。徐志峰等人[116]发现没食子酸可以稳定电解液中的 Sn^{2+}，使 Sn^{2+} 含量保持在较高的水平，效果要比苯酚磺酸好，但是，没食子酸对锡的沉积影响比较小，甚至会使阴极的平整和致密性降低，可以通过添加木质素磺酸钠进行改善。李金辉等人[117]研究了苯磺酸钠与白藜芦醇对锡电解精炼过程的影响，发现苯磺酸钠与白藜芦醇可以增加阴极极化，而且苯磺酸钠还可以提高阴极锡的平整以及致密度。

参 考 文 献

［1］宋兴诚．锡冶金［M］．北京：冶金工业出版社，2011.

［2］彭容秋．锡冶金［M］．长沙：中南大学出版社，2005.

［3］王莉，陈萍，姚磊．我国锡矿资源形势及对策分析［J］．中国矿业，2019，28（11）：44~47.

［4］蒲江东．锡石工艺矿物学与选矿技术［J］．资源信息与工程，2019，34（3）：66~67.

［5］邢万里，王安建，王高尚，等．我国锡资源安全简析［J］．中国矿业，2016，7：11~15.

［6］张福良，殷腾飞，周楠．全球锡矿资源开发利用现状及思考［J］．现代矿业，2014，30

(2)：1~4，10.
［7］张莓．全球锡矿资源及开发现状［J］．中国金属通报，2011（32）：19~21.
［8］王京，周园园，李梓博，等．未来10年我国锡资源需求预测［J］．中国国土资源经济，2018，31（1）：39~43，72.
［9］张锋．全球锡资源供需现状研究与思考［J］．中国金属通报，2019（4）：20~21，23.
［10］韦栋梁，何绘宇，夏斌．对我国锡矿业发展的几点思考［J］．中国矿业，2006（1）：58~61.
［11］杨学善，秦德先，张洪，等．我国锡矿资源形势分析及可持续发展对策探讨［J］．矿产综合利用，2005（5）：17~21.
［12］崔荣国，刘树臣．我国锡矿资源状况及国际竞争力分析［J］．国土资源情报，2010（8）：29~33.
［13］孙虎，王建平，王玉峰，等．我国锡矿开发利用现状及可持续发展建议［J］．资源与产业，2012，14（4）：58~62.
［14］Khanchuk A I，Krupskaya L T，Zvereva V P. Ecological problems of development of tin ore resources in Primorie and Priamurie［J］. Geography and Natural Resources，2012，33（1）：45~49.
［15］李一夫，戴永年，刘红湘．中国有色金属二次资源的回收利用［J］．矿冶，2007，16（1）：86~89.
［16］祁忠旭，彭志兵，董忠良，等．某锡重选尾矿浮选回收锡试验研究［J］．矿业研究与开发，2019，39（3）：67~71.
［17］Angadi S I，Sreenivas T，Jeon H，et al. A review of cassiterite beneficiation fundamentals and plant practices［J］. Minerals Engineering，2015，70：178~200.
［18］Peng Z，Mackey P J. New developments in pyrometallurgy［J］. JOM，2013，65（11）：1550~1551.
［19］Li W，Guo W，Qiu K. Vacuum carbothermal reduction for treating tin anode slime［J］. JOM，2013，65（11）：1608~1614.
［20］Zhang Y B，Li G H，Jiang T，et al. Reduction behavior of tin-bearing iron concentrate pellets using diverse coals as reducers［J］. International Journal of Mineral Processing，2012，110~111：109~116.
［21］López F，García-Díaz I，Rodríguez Largo O，et al. Recovery and purification of tin from tailings from the penouta Sn-Ta-Nb deposit［J］. Minerals，2018，8（1）：20.
［22］Su Z，Zhang Y，Chen J，et al. Selective separation and recovery of iron and tin from high calcium type tin- and iron-bearing tailings using magnetizing roasting followed by magnetic separation［J］. Separation Science and Technology，2016，51（11）：1900~1912.
［23］邹维，刘俊场，付维琴，等．用硫酸从锌铅锡烟尘中浸出锌及富集铅锡试验研究［J］．湿法冶金，2020，39（1）：18~22.
［24］李伟．锡阳极泥及锡烟尘处理新工艺的研究［D］．长沙：中南大学，2013.
［25］顾业明．工业废水综合治理及其回收利用技术［J］．化工管理，2020（35）：34~35.
［26］Mubarak N M，Ruthiraan M，Sahu J N，et al. Adsorption and kinetic study on Sn^{2+} removal

using modified carbon nanotube and magnetic biochar [J]. International Journal of Nanoscience, 2013, 12 (6): 1350044.

[27] Yang M, Zhao Y, Sun X, et al. Adsorption of Sn(Ⅱ) on expanded graphite: kinetic and equilibrium isotherm studies [J]. Desalination and Water Treatment, 2014, 52 (1~3): 283~292.

[28] Negi R, Satpathy G, Tyagi Y K, et al. Biosorption of heavy metals by utilising onion and garlic wastes [J]. International Journal of Environment and Pollution, 2012, 49 (3~4): 179~196.

[29] Van Wyk C S. Removal of heavy metals from metal-containing effluent by yeast biomass [J]. African Journal of Biotechnology, 2011, 10 (55): 11557~11561.

[30] 陈绍春，杜锋. 废氯化亚锡的回收与利用 [J]. 中国有色冶金，2012，41 (1): 52~55.

[31] 陈桂娥，张海滨，许振良. 络合-超滤耦合过程处理含锡工业废水 [J]. 膜科学与技术，2009，29 (1): 69~72，78.

[32] Swain B, Mishra C, Hong H S, et al. Treatment of indium-tin-oxide etching wastewater and recovery of In, Mo, Sn and Cu by liquid - liquid extraction and wet chemical reduction: a laboratory scale sustainable commercial green process [J]. Green Chemistry, 2015, 17 (8): 4418~4431.

[33] 王丹，顾平，王利桃，等. 沉淀—混凝—微滤组合工艺处理含锡废水 [J]. 中国给水排水，2018，34 (5): 96~100.

[34] 孔霞，李沪萍，罗康碧，等. 锡废料综合利用的研究进展 [J]. 化工科技，2011，19 (2): 59~63.

[35] Moosakazemi F, Ghassa S, Mohammadi M R T. Environmentally friendly hydrometallurgical recovery of tin and lead from waste printed circuit boards: thermodynamic and kinetics studies [J]. Journal of Cleaner Production, 2019, 228: 185~196.

[36] Yang C, Tan Q, Liu L, et al. Recycling tin from electronic waste: a problem that needs more attention [J]. ACS Sustainable Chemistry & Engineering, 2017, 5 (11): 9586~9598.

[37] Zeng X, Zheng L, Xie H, et al. Current status and future perspective of waste printed circuit boards recycling [J]. Procedia Environmental Sciences, 2012, 16: 590~597.

[38] Su Z, Zhang Y, Liu B, et al. Extraction and separation of tin from tin-bearing secondary resources: a review [J]. JOM, 2017, 69 (11): 2364~2372.

[39] Barakat M A. Recovery of lead, tin and indium from alloy wire scrap [J]. Hydrometallurgy, 1998, 49 (1~2): 63~73.

[40] Castro L A, Martins A H. Recovery of tin and copper by recycling of printed circuit boards from obsolete computers [J]. Brazilian Journal of Chemical Engineering, 2009, 26 (4): 649~657.

[41] Yang C, Li J, Tan Q, et al. Green process of metal recycling: coprocessing waste printed circuit boards and spent tin stripping solution [J]. ACS Sustainable Chemistry & Engineering, 2017, 5 (4): 3524~3534.

[42] Mecucci A, Scott K. Leaching and electrochemical recovery of copper, lead and tin from scrap

printed circuit boards [J]. Journal of Chemical Technology & Biotechnology: International Research in Process, Environmental & Clean Technology, 2002, 77 (4): 449~457.

[43] Lee C B, Yao Y L, Chiang F Y, et al. Characterization study of lead-free Sn-Cu plated packages [C]. Electronic Components and Technology Conference, 2002: 1238~1245.

[44] Bakkali S, Touir R, Cherkaoui M, et al. Influence of S-dodecylmercaptobenzimidazole as organic additive on electrodeposition of tin [J]. Surface & Coatings Technology, 2015, 261: 337~343.

[45] Kim S K, Sohn H J, Kang T, et al. Leaching behaviour of tin with oxygen in recycled phenolsulfonic acid tin plating solutions [J]. Jounal of Applied Electrochemistry, 2002, 32 (9): 1001~1004.

[46] 武信. 金属铝在粗锡精炼过程中的机理研究 [J]. 金属材料与冶金工程, 2012, 40 (5): 26~29.

[47] 韦成果. 锑在锡冶炼中的行为、分布及综合回收 [J]. 有色金属 (冶炼部分), 2004, 42 (6): 16~18.

[48] 杨赛金. 粗锡火法精炼除砷锑产出铝渣的处理 [J]. 云南冶金, 1985, 14 (6): 44~48.

[49] 莫正荣. 高锑粗锡电解精炼生产实践 [J]. 云南冶金, 1993, 2: 16~18.

[50] 覃用宁. 高锑粗锡合金电解制备高级锡 [J]. 中国有色冶金, 2009, 4: 74~76.

[51] 廖亚龙. 高锑铅锡合金电解精炼除锑, 萃取提铟工艺研究及生产实践 [J]. 湿法冶金, 2000, 19 (3): 49~53.

[52] 戴永年. 铅-锡合金真空蒸馏分离 [J]. 有色金属 (冶炼部分), 1977, 9: 26~32.

[53] 黄位森. 粗锡精炼电热连续结晶炉除铅 [J]. 有色金属 (冶炼部分), 1977, 2: 28~34.

[54] 潘莲辉, 廖芳瑜, 余燕军. 电热连续结晶机自动温控系统 [J]. 中国有色金属, 2011 (S1): 52~54.

[55] 李平均. 火法生产高品级精锡的实践 [J]. 云南冶金, 1982, 2: 37~40.

[56] 郑隆谋. 焊锡电解及其阳极泥的综合利用 [J]. 有色金属 (冶炼部分), 1966, 5: 45~46.

[57] 吴正芬. 焊锡氟硅酸电解阳极泥的处理 [J]. 有色冶炼, 1989, 2: 36~39.

[58] Van Deventer J S J. The effect of admixtures on the reduction of cassiterite by graphite [J]. Thermochimica Acta, 1988, 124: 109~118.

[59] 文斯雄. 碱性镀锡液的维护 [J]. 电镀与涂饰, 1996 (2): 48~49.

[60] 王腾, 安成强, 郝建军. 甲基磺酸盐镀锡添加剂研究进展 [J]. 电镀与涂饰, 2009, 28 (6): 15~18.

[61] 王桂香, 张晓红. 电镀添加剂与电镀工艺 [M]. 北京: 化学工业出版社, 2011.

[62] 李立清, 陈早明. 甲基磺酸盐电镀锡的镀层性能 [J]. 腐蚀与防护, 2007, 28 (10): 534~553.

[63] 方景礼. 电镀配合物: 理论与应用 [M]. 北京: 水利电力出版社, 2008.

[64] 储荣邦, 王宗雄, 吴双成. 酸性硫酸盐镀锡工艺 [J]. 电镀与涂饰, 2014, 33 (12): 528~534.

[65] 梁腾平, 高家诚. 酸性镀锡液稳定性的研究进展 [J]. 材料导报, 2007 (21): 129~131.

[66] Maltanava H M, Vorobyova T N, Vrublevskaya O N. Electrodeposition of tin coatings from ethylene glycol and propylene glycol electrolytes [J]. Surface & Coatings Technology, 2014, 254

(10): 388~397.

[67] 罗维，张学军．硫酸盐型亚光纯锡电镀工艺在 PCB 上的应用 [J]．印制电路信息，2004 (6): 31~33.

[68] 施莱辛格，庞诺威奇，范宏义．现代电镀 [M]．北京：化学工业出版社，2006.

[69] Brenner A. Electrodeposition of copper - tin alloys, electrodeposition of alloys [M]. London: Academic Press, 1963.

[70] Gabe D R. Principles of metal surface treatment and protection [M]. 2nd ed. London: Elsevier, 1978.

[71] Gernon M D, Wu M, Buszta T, et al. Environmental benefits of methanesulfonic acid: comparative properties and advantages [J]. Green Chemistry, 1999, 1 (3): 127~140.

[72] 李振报．国内外锡电解工艺 [J]．有色金属（冶炼部分），1989，27 (4): 34~36.

[73] 李振报．粗锡电解添加剂作用机理的讨论 [J]．云南冶金，1986，15 (1): 37~40.

[74] 刘成光．粗锡电解精炼 [J]．有色金属（冶炼部分），1979，17 (6): 16~19.

[75] 李振报．影响粗锡硫酸电解主要因素的探讨 [J]．有色金属（冶炼部分），1981，19 (3): 61.

[76] 庄绍尧．酚磺酸在酸性光亮镀锡中的作用 [J]．电镀与精饰，1989，16 (1): 6~9.

[77] 聂景星，王武才．用高级锡生产高纯锡的方法 [J]．有色冶炼，1991，4: 48~49.

[78] Xiao F, Shen X, Ren F, et al. Additive effects on tin electrodepositing in acid sulfate electrolytes [J]. International Journal of Minerals, Metallurgy, and Materials, 2013, 20 (5): 472~478.

[79] Son S H, Park S C, Kim J H, et al. Study on the electro-refining of tin in acid solution from electronic waste [J]. Archives of Metallurgy and Materials, 2015, 60 (2): 1217~1220.

[80] Lei J, Yang J G. Electrochemical mechanism of tin membrane electro-deposition in chloride solutions [J]. Journal of Chemical Technology & Biotechnology, 2016, 92 (4): 861~867.

[81] 倪光明，严怡芹．酸性镀锡液稳定性的研究概述 [J]．上海电镀，1994，4: 1~7.

[82] 李荻．电化学原理 [M]．北京：北京航空航天大学出版社，2008.

[83] 张建民．多元络合物电镀理论在 Sn^{2+} 电解着色稳定剂中的应用 [J]．电镀与精饰，1991，13 (4): 11~14.

[84] 邹开德．稳定剂对锡盐电解着色液性能的影响 [J]．电镀与精饰，1990，12 (4): 3~7.

[85] 倪光明，严怡芹，戴西林．酸性镀锡液稳定剂的优选 [J]．安徽师大学报（哲学社会科学版），1995，18 (2): 72~77.

[86] 袁凌云．铝合金电解着色技术的进展 [J]．沈阳教育学院学报，2004，6 (3): 125~128.

[87] 何志邦，朱立山，倪祖昱．用五氧化二钒防止酸性光亮镀锡液的氧化变质研究 [J]．南方冶金学院学报，1986，7 (2): 24~33.

[88] 赖龙君．酸性光亮镀锡稳定剂研究 [J]．电镀与环保，1990，2 (10): 10~13.

[89] 袁诗璞．酸性镀锡液中的阳极与 β-锡酸 [J]．电镀与涂饰，2013，9: 34~38.

[90] 蔡小荣，杨钟宁，周绍民．锡盐电解着色液稳定性研究 [J]．表面技术，1990，6: 11~14.

[91] 沈慕昭，张立茗，郁楠．酸性镀锡液稳定性的研究 [J]．电镀与精饰，1990，17 (5): 7~10.

[92] Fukuda M, Imayoshi K, Matsumoto Y. Effect of adsorption of polyoxyethylene laurylether on electrodeposition of Pb-free Sn alloys [J]. Surface and Coatings Technology, 2003, 169 (22): 128~131.

[93] Martyak N M, Seefeldt R. Additive-effects during plating in acid tin methanesulfonate electrolytes [J]. Electrochimica Acta, 2004, 49 (25): 4303~4311.

[94] 方景礼. 酸性光亮镀锡添加剂述评 [J]. 电镀与精饰, 1984, 11 (3): 22~30.

[95] 张著, 吴海国, 宾智勇, 等. 甲基磺酸体系电镀锡及锡合金研究现状 [J]. 湖南有色金属, 2013, 29 (2): 36~39.

[96] 胡立新, 程骄, 占稳, 等. 甲基磺酸电镀锡工艺的研究 [J]. 电镀与环保, 2009, 29 (6): 29~32.

[97] Coetzee C, Tadie M, Dorfling C. Evaluating the effect of molecular properties of polyacrylamide reagents on deposit growth in copper electrowinning [J]. Hydrometallurgy, 2020, 195: 105407.

[98] Ehsani A, Yazici E Y, Deveci H. Influence of polyoxometallates as additive on electro-winning of copper [J]. Hydrometallurgy, 2016, 162: 79~85.

[99] Moats M S, Luyima A, Cui W. Examination of copper electrowinning smoothing agents. Part Ⅰ: A review [J]. Minerals & Metallurgical Processing, 2016, 33 (1): 7~13.

[100] Luyima A, Moats M S, Cui W, et al. Examination of copper electrowinning smoothing agents. Part Ⅱ: Fundamental electrochemical examination of DXG-F7 [J]. Minerals & Metallurgical Processing, 2016, 33 (1): 14~22.

[101] Cui W, Moats M S, Luyima A, et al. Examination of copper electrowinning smoothing agents. Part Ⅲ: Chloride interaction with HydroStar and Cyquest N-900 [J]. Minerals & Metallurgical Processing, 2016, 33 (1): 31~38.

[102] Luyima A, Cui W, Heckman C, et al. Examination of copper electrowinning smoothing agents. Part Ⅳ: Nucleation and growth of copper on stainless steel [J]. Minerals & Metallurgical Processing, 2016, 33 (1): 39~46.

[103] Lu J, Dreisinger D, Glück T. Cobalt electrowinning-a systematic investigation for high quality electrolytic cobalt production [J]. Hydrometallurgy, 2018, 178: 19~29.

[104] Freire N H J, Majuste D, Angora M A, et al. The effect of organic impurities and additive on nickel electrowinning and product quality [J]. Hydrometallurgy, 2017, 169: 112~123.

[105] Jing L U, Yang Q, Zhang Z. Effects of additives on nickel electrowinning from sulfate system [J]. Transactions of Nonferrous Metals Society of China, 2010, 20: S97~S101.

[106] 石新红, 张军, 周华梅. 电镀锡添加剂的研究 [J]. 电子工艺技术, 2020, 41 (1): 52~56.

[107] 李柱. 锡电解精炼新型电解液添加剂开发及应用研究 [D]. 南昌: 江西理工大学, 2018, 71.

[108] Vorobyova T N, Vrublevskaya O N. Electrochemical deposition of gold-tin alloy from ethylene glycol electrolyte [J]. Surface and Coatings Technology, 2010, 204 (8): 1314~1318.

[109] Oniciu L, Muresan L. Some fundamental aspects of levelling and brightening in metal electro-

deposition [J] . Journal of Applied Electrochemistry, 1991, 21 (7): 565~574.

[110] Walsh F C, Low C T J. A review of developments in the electrodeposition of tin [J] . Surface and Coatings Technology, 2016, 288: 79~94.

[111] Carlos I A, Bidoia E D, Pallone E, et al. Effect of tartrate content on aging and deposition condition of copper-tin electrodeposits from a non-cyanide acid bath [J] . Surface and Coatings Technology, 2002, 157 (1): 14~18.

[112] 肖发新，危亚军，李飞飞，等. 甲醛和 OP 乳化剂对印刷电路板酸性半光亮镀锡的影响 [J] . 材料保护，2011，40 (1): 1~6.

[113] Martyak N M, Seefeldt R. Additive-effects during plating in acid tin methane sulfonate electrolytes [J] . Electrochimica Acta, 2004, 49 (25): 4303~4311.

[114] Barry F J, Cunnane V J. Synergistic effects of organic additives on the discharge, nucleation and growth mechanisms of tin at polycrystalline copper electrodes [J] . Journal of Electroanalytical Chemistry, 2002, 537 (1~2): 151~163.

[115] 高箐遥，王守绪，陈苑明，等. 硫酸盐光亮镀锡添加剂的研究 [J] . 电镀与环保，2019，39 (4): 20~23.

[116] 徐志峰，李柱，路永锁，等. 没食子酸对锡电解精炼过程的影响 [J] . 中国有色金属学报，2019，29 (5): 1065~1072.

[117] 李金辉，高阳，钟晓聪，等. 锡电解精炼环保型添加剂的研究 [J] . 稀有金属，2019: 1~13.

2　实验装置及测试方法

2.1　实验试剂及装置

2.1.1　实验试剂

本书主要研究内容所涉及的化学试剂和材料列于表2.1。

表2.1　实验用化学试剂与材料

序号	名称	纯度或规格	生　产　厂　家
1	浓硫酸	AR	西陇科学股份有限公司
2	浓盐酸	AR	西陇科学股份有限公司
3	硝酸	AR	西陇科学股份有限公司
4	氨水	AR	国药集团化学试剂有限公司
5	硫酸亚锡	AR	上海麦克林生化科技有限公司
6	重铬酸钾	AR	西陇科学股份有限公司
7	碳酸钠	AR	天津市科密欧化学试剂有限公司
8	五水合硫代硫酸钠	AR	西陇科学股份有限公司
9	碘	AR	天津市风船化学试剂科技有限公司
10	碘化钾	AR	广东光华科技股份有限公司
11	锌标液	AR	国药集团化学试剂有限公司
12	乙二胺四乙酸二钠	AR	西陇科学股份有限公司
13	硝酸铅	AR	天津市科密欧化学试剂有限公司
14	六次甲基四胺	AR	西陇科学股份有限公司
15	氟化铵	AR	上海麦克林生化科技有限公司
16	硫酸钾	AR	国药集团化学试剂有限公司
17	邻苯二甲酸氢钾	PT	上海展云化工有限公司
18	二甲酚橙	AR	上海馨晟试化工科技有限公司
19	酚酞	AR	上海馨晟试化工科技有限公司
20	铬黑T	AR	上海馨晟试化工科技有限公司
21	可溶性淀粉	AR	国药集团化学试剂有限公司
22	混合甲酚	CP	上海阿拉丁生化科技有限公司

续表 2.1

序号	名称	纯度或规格	生 产 厂 家
23	一水合没食子酸	AR	上海麦克林生化科技有限公司
24	明胶	CP	国药集团化学试剂有限公司
25	2-萘酚	AR	国药集团化学试剂有限公司
26	氢氧化钠	AR	西陇化工股份有限公司
27	氯化钡	AR	西陇化工股份有限公司
28	硫酸钠	AR	西陇化工股份有限公司
29	氢氧化钾	AR	西陇化工股份有限公司
30	硅酸钠	AR	国药集团化学试剂有限公司
31	磷酸钠	AR	国药集团化学试剂有限公司
32	30%过氧化氢	AR	西陇科学股份有限公司
33	锡箔	99.8%	Alfa Aesar
34	阴极锡	—	江西自立环保科技有限公司
35	阳极锡	—	江西自立环保科技有限公司
36	义齿基托树脂	AR	上海二医张江生物材料有限公司
37	4-羟基苯磺酸水合物	≥85%	上海阿拉丁生化科技有限公司
38	牛磺酸	≥99%	上海阿拉丁生化科技有限公司
39	对甲苯磺酸水合物	≥98%	上海阿拉丁生化科技有限公司
40	甲基磺酸	≥99.5%	上海阿拉丁生化科技有限公司
41	乙基磺酸	≥90%	上海阿拉丁生化科技有限公司
42	2-萘酚	≥99.5%	国药集团化学试剂有限公司
43	白藜芦醇	AR	上海阿拉丁生化科技有限公司
44	苯磺酸钠	AR	上海阿拉丁生化科技有限公司
45	抗坏血酸	AR	上海阿拉丁生化科技有限公司
46	D-葡萄糖	AR	上海阿拉丁生化科技有限公司
47	芦丁	AR	上海阿拉丁生化科技有限公司
48	茶叶	—	本地采购
49	黄瓜	—	本地采购
50	大蒜	—	本地采购

2.1.2 实验设备

在本书相关实验研究过程中，所用到的主要设备和仪器见表 2.2。

表2.2 实验用设备与仪器

序号	仪器名称	型号	生 产 厂 家
1	电化学工作站	CHI660E	上海辰华仪器有限公司
2	蓝电电池测试系统	CT2001A	武汉市蓝电电子股份有限公司
3	集热式恒温磁力搅拌器	DF-101S	巩义市予华仪器有限责任公司
4	数显电子恒温水浴锅	HH-6	常州国华电器有限公司
5	研磨抛光机	MP-2B	莱州市蔚仪试验器械制造有限公司
6	电子天平	JY601	上海良平仪器有限公司
7	扫描电子显微镜	MLA650F	美国FEI公司
8	参比电极	CK2SO4	上海仪电科学仪器股份有限公司
9	真空干燥箱	DZF-6050型	杭州瑞佳精密科技公司

实验过程中还使用其他仪器，如500mL、1000mL容量瓶、烧杯，玻璃棒，300mL碘量瓶，250mL锥形瓶，1L试剂瓶若干，50mL、100mL量筒，棕色酸、碱式滴定管，温度计，胶头滴管，2mL移液管，精密pH试纸等。

2.2 测试方法

2.2.1 锡浓度及酸度的测定

采用碘量法分析电解液中Sn(Ⅱ)的浓度；EDTA络合法测量电解液中总锡的浓度[1,2]。

2.2.1.1 Sn(Ⅱ)的测定

在酸性条件下，Sn(Ⅱ)会被I_2氧化为Sn(Ⅳ)。反应式如下：

$$Sn^{2+} + I_2 = Sn^{4+} + 2I^- \tag{2.1}$$

所需试剂如下：

(1) 1∶3盐酸。

(2) 淀粉-碘化钾指示剂的配制。用约250mL蒸馏水溶解50g碘化钾。另取一烧杯用约200mL蒸馏水煮沸溶解5g可溶性淀粉，煮沸2min后冷却。然后将两者混匀，并加入少许KOH，放入试剂瓶内备用。

(3) 0.1mol/L硫代硫酸钠标液的配制。在煮沸冷却的1L纯水中加入0.2g Na_2CO_3，然后取25g五水合硫代硫酸钠溶于此溶液中，倒入试剂瓶中备用。

0.1mol/L硫代硫酸钠标液的标定。先将重铬酸钾在150℃下干燥1h，然后取0.18g加入碘量瓶，再加入2g碘化钾及60mL蒸馏水和1∶3盐酸5mL，摇匀且碘量瓶用蒸馏水密封；于暗处放置10min。之后用新配制的硫代硫酸钠溶液滴定至淡黄色，加入5mL的淀粉-碘化钾指示剂，此时溶液呈蓝色，再滴定至蓝色消失。

硫代硫酸钠溶液的浓度由式（2.2）确定

$$c_{Na_2S_2O_3}=\frac{6000m}{MV} \tag{2.2}$$

式中，$c_{Na_2S_2O_3}$ 为硫代硫酸钠溶液的浓度，mol/L；m 为重铬酸钾的质量，g；M 为重铬酸钾的摩尔质量，294.19g/mol；V 为硫代硫酸钠消耗的体积，mL。

（4）0.05mol/L 碘标液的配制。称 40g 碘化钾溶于少量水中，再加入 13g 碘单质，搅拌使之完全溶解，加入 3 滴盐酸，再转入 1L 棕色试剂瓶中，置于暗处备用。

0.05mol/L 碘标液的标定。用移液管移取（3）中硫代硫酸钠溶液 2mL 放入 250mL 锥形瓶中，加入 100mL 水，用已配制的碘标液滴定至接近终点，然后加入 5mL 淀粉-碘化钾溶液，再滴定到溶液变蓝。

碘标液的浓度按式（2.3）计算：

$$c_{I_2}=\frac{c_{Na_2S_2O_3}/V_{Na_2S_2O_3}}{2V_{I_2}} \tag{2.3}$$

式中，c_{I_2} 为碘液的浓度，mol/L；$V_{Na_2S_2O_3}$ 为移取的硫代硫酸钠体积，2mL；V_{I_2} 为消耗的碘液的体积，mL。

（5）溶液中 Sn(Ⅱ）的测定方法。用移液管吸取 2mL 电解液倒入 250mL 锥形瓶内，加 100mL 水、20mL 1∶3 盐酸。用（4）中的碘标液滴定至快到终点，然后加入 5mL 淀粉-碘化钾溶液，再滴定到溶液变蓝。亚锡的质量浓度按式（2.4）计算：

$$w_{Sn^{2+}}=118.71c_{I_2}V_{I_2}/2 \tag{2.4}$$

式中，$w_{Sn^{2+}}$为亚锡的质量浓度，g/L；118.71 为 Sn 的摩尔质量，g/mol。

2.2.1.2　总锡的测定

所需试剂如下：

（1）1∶3 盐酸；30%的过氧化氢溶液。

（2）pH=10 的缓冲液配制。将 54g NH_4Cl 加入水中，待溶解完全，再加入 350mL 浓氨水，并稀释到 1L；倒入试剂瓶中备用。

（3）六次甲基四胺溶液的配制。取 400g 六次甲基四胺固体溶于少量水中，加入 100mL 浓盐酸，并用蒸馏水稀释至 1L，倒入试剂瓶中备用。pH 值约为 5.5。

（4）铬黑 T 指示剂的配制。称取 0.5g 铬黑 T 和 4.5g 盐酸羟铵，用 100mL 无水乙醇溶解，倒入试剂瓶中备用。

（5）二甲酚橙指示剂的配制。称取 0.2g 二甲酚橙加入 100mL 中，待溶解完全后倒入试剂瓶中备用。

（6）0.05mol/L EDTA 标准溶液的配制。称取 20g 乙二胺四乙酸二钠加入适量水中，待溶解完全后，用蒸馏水稀释至 1L，倒入试剂瓶中备用。

EDTA标准溶液的标定。用移液管移取2mL已知浓度的锌标液置于250mL锥形瓶中，加水100mL，用氨水调至微碱性，再加入pH=10的缓冲液，用pH试纸测量溶液pH值在9~10之间即可。再加入铬黑T指示剂5滴，此时溶液呈红色，用配制好的EDTA溶液滴定，终点颜色为蓝色，记录EDTA的体积差。按式(2.5)计算EDTA的浓度：

$$c_{\mathrm{EDTA}}=c_{\mathrm{Zn标}}V_{\mathrm{Zn标}}/V_{\mathrm{EDTA}} \tag{2.5}$$

式中，c_{EDTA}为EDTA溶液的浓度，mol/L；$c_{\mathrm{Zn标}}$为锌标液的浓度，mol/L；$V_{\mathrm{Zn标}}$为移取锌标液的体积，2mL；V_{EDTA}为消耗的EDTA溶液的体积，mL。

(7) 0.05mol/L硝酸铅标准溶液的配制。称取16.6g的硝酸铅溶于少量水中，加入数滴硝酸，用蒸馏水稀释至1L，倒入试剂瓶中备用。

硝酸铅标准溶液的标定。用移液管移取2mL(6)中的EDTA溶液放入250mL锥形瓶内，再加入50mL水，再加入六次甲基四胺缓冲液调节溶液pH值至5~6，用pH试纸测量，再加入数滴二甲酚橙，此时溶液颜色为亮黄色；用硝酸铅滴定至红色，记录硝酸铅的消耗体积。按式(2.6)计算硝酸铅的浓度：

$$c_{\mathrm{Pb(NO_3)_2}}=c_{\mathrm{EDTA}}V_{\mathrm{EDTA}}/V_{\mathrm{Pb(NO_3)_2}} \tag{2.6}$$

式中，$c_{\mathrm{Pb(NO_3)_2}}$为硝酸铅溶液的浓度，mol/L；c_{EDTA}为EDTA的浓度，mol/L；$V_{\mathrm{Pb(NO_3)_2}}$为消耗的硝酸铅溶液的体积，mL。

(8) 溶液中总锡的测定方法。用移液管吸取2mL电解液倒入250mL锥形瓶内，加100mL水、10mL 1∶3盐酸，再加入20滴双氧水、15mL EDTA溶液；将溶液煮沸2min，冷却至室温后加入六次甲基四胺缓冲液调节pH值至5~6，再加入二甲酚橙指示剂5滴，此时溶液呈亮黄色，用(7)中的硝酸铅溶液滴定至红色，不计体积。向溶液加入氟化铵4g左右，摇匀，待溶解完全之后，此时溶液由红变黄，再用硝酸铅滴定至红色，此时消耗的硝酸铅体积即是对应电解液中总锡的量，按式(2.7)计算总锡的浓度：

$$w_{\mathrm{总Sn}}=c_{\mathrm{Pb(NO_3)_2}}V_{\mathrm{Pb(NO_3)_2}}\times 118.71/2 \tag{2.7}$$

式中，$w_{\mathrm{总Sn}}$为总锡的质量浓度，g/L；118.71为Sn的摩尔质量，g/mol。

2.2.1.3 酸度的测定

所需试剂如下：

(1) 酚酞指示剂的配制。称取0.5g酚酞，再量取100mL 95%乙醇溶解，无须加水。

(2) NaOH标准溶液的配制。称取8g NaOH溶于少量水中，溶解完全后用水稀释至1L，倒入试剂瓶中；加入0.5g $BaCl_2$，摇匀后静置数小时；再加入0.5g Na_2SO_4，摇匀使之溶解，将溶液放置过夜，溶液澄清即可使用。

NaOH标准溶液的滴定。称取1.0000g于100℃下烘干的工作基准试剂邻苯二甲酸氢钾放入250mL锥形瓶中，加水100mL，待溶解完全后，再滴加5滴酚酞指示剂，用已配制好的 NaOH 溶液滴定，终点颜色为红色，记录氢氧化钠的消耗量。NaOH 的浓度按式（2.8）计算：

$$c_{NaOH}=\frac{1000m}{VM} \tag{2.8}$$

式中，c_{NaOH} 为 NaOH 的浓度，mol/L；m 为邻苯二甲酸氢钾的质量，g；M 为邻苯二甲酸氢钾的摩尔质量，204.22g/mol；V 为 NaOH 的消耗体积，mL。

溶液中酸度的测定。用移液管吸取 1mL 电解液放入 500mL 锥形瓶内，量取 300mL 水加入，再滴加 5 滴酚酞指示剂，用（2）中的 NaOH 溶液滴定，终点颜色为红色，记录氢氧化钠的消耗量。酸度的计算公式如式（2.9）所示：

$$c_{H^+}=c_{NaOH}V_{NaOH}/V_{H^+} \tag{2.9}$$

式中，c_{H^+}为 H^+的浓度，mol/L；V_{H^+}为电解液体积，mL。

2.2.2 电极与电化学体系

所有电化学测试都在 1L 的烧杯中进行，电解液体积为 800mL，采用三电极体系进行电化学测试（见图 2.1）。参比电极为 Hg/Hg_2SO_4/sat. K_2SO_4，对电极为 40mm×40mm 的石墨电极。为了尽可能地使每次测试时的工作电极、参比电极和对电极的相对位置相同，定制了与 1L 烧杯相配套的盖子。这样工作电极与对电极的极距可控制在 35mm，参比电极的底部与工作电极的上边缘平行，极距为 20mm。

图 2.1 三电极体系装置图

2.2.2.1 电极的制备

阴极锡为购买的高纯锡片（0.5mm×10mm×10mm，≥99.99%）。将铜导线焊接在高纯锡片的一个平面上，然后用义齿基托树脂对其进行封装，只露出一个10mm×10mm的工作面。具体操作如图2.2所示。义齿基托树脂需要在空气中固化12h以上，在每次实验前必须对工作面进行打磨，依次用0.106mm（150目）、0.013mm（1000目）的碳化硅砂纸将阴极锡工作面的氧化层磨去，工作电极放入电解液前需要用滤纸将表面的去离子水吸干。

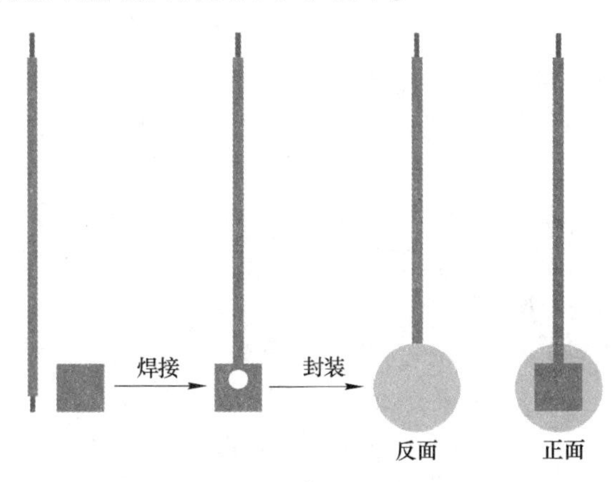

图2.2 阴极锡电极制备流程示意图

阳极为自制的石墨电极（40mm×40mm×5mm）。将购买的石墨片裁剪成40mm×40mm大小，用0.013mm（1000目）的砂纸将石墨片的一面打磨光滑，再用金属夹子将石墨片夹紧，用焊锡将夹子与石墨连接处焊接，再将铜线用焊锡焊接在夹子的另一端。然后用义齿基托树脂对焊接处以及金属夹子进行封装。具体操作如图2.3所示。义齿基托树脂需要在空气中固化12h以上，每次实验前必须用0.013mm（1000目）的砂纸将石墨电极打磨一遍，放入电解液前需要用滤纸将电极表面的去离子水吸干。

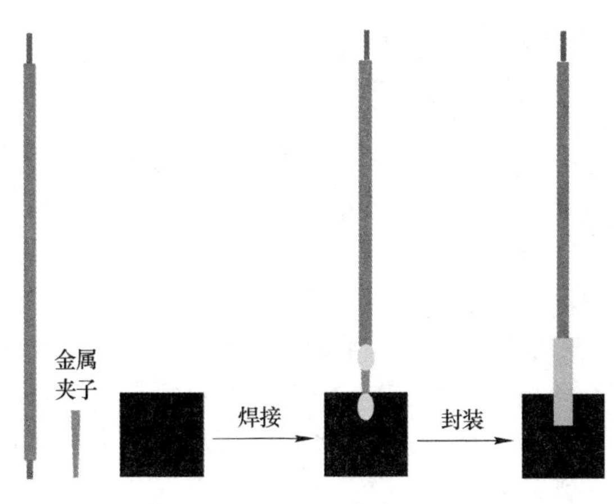

图2.3 石墨电极制备流程图

2.2.2.2 电极的前处理

由于阴阳极表面不可避免地存在油污及其他杂质，因此需要进行除油处理。本实验选择的方法是化学除油。本书采取四钠溶液除油，除油工艺为：70g/L NaOH、30g/L Na_2CO_3、35g/L Na_3PO_4、5g/L Na_3SiO_3；温度为 80℃，时间 10min。

2.2.2.3 电解液的配制

模拟工业生产用的电解液成分，配置实验用电解液。电解液的组成包括 H_2SO_4、$SnSO_4$、β-萘酚、明胶等。首先通过计算得到所需硫酸（90g/L）的体积，缓慢加入约 200mL 蒸馏水中，取出约 100mL 此稀酸溶液，煮沸后按 0.2g/L 的浓度加入萘酚溶解，煮沸 2min；按 1g/L 的浓度在热水中加入明胶，浸泡溶解；等两者冷却后混合。按浓度 40g/L 称取相应量的 $SnSO_4$ 加入冷却之后的酸中，这是为了防止因为温度过高而导致亚锡的氧化，再按照相应浓度加入相应的添加剂，最后搅拌使溶解完全，定容。

基础电解液（blank electrolyte，BE）成分为：初始 H_2SO_4 浓度 90g/L、初始锡离子浓度 22.11g/L、2-萘酚浓度 0.2g/L、明胶浓度 1g/L。为表述方便，基础电解液标记为 BE，添加有甲酚磺酸（cresol sulfonic acid，CSA）、没食子酸（gallic acid，GA）、木质素磺酸钠（SL）和酒石酸（SS）的电解液分别标记为 BE-CSA、BE-GA、BE-SL 和 BE-SS。如无特殊说明，CSA、GA、SL 及 SS 的用量均为 5g/L。

2.2.2.4 电流效率的计算

电流效率等于在阴极上产出的阴极锡质量与同等条件下采用法拉第定律计算的理论质量之间的比值。计算方法如式（2.10）所示：

$$\eta = \frac{b}{qIt} \times 100\% \tag{2.10}$$

式中，η 为电流效率，%；b 为阴极沉积的锡的质量，g；q 为亚锡的电化学当量，2.214g · A/h；I 为电流强度，A；t 为电解时间，h。

2.2.3 溶解氧浓度及锡胶生成量测试

电解液中的 Sn(Ⅱ) 会被溶解在电解液中的氧氧化，进一步水解成不溶于酸的锡胶。可通过测定电解液中的溶解氧浓度和锡胶质量来评估电解液的稳定性。配制 250mL 电解液置于空气中，每 24h 使用溶解氧测定仪测量不同电解液中的溶解氧浓度，连续测量 6 天。另配制 250mL 新鲜电解液，用量筒量取 80mL 电解液加入 100mL 离心管内，离心管用去离子先清洗干净后放入鼓风干燥箱内 60℃ 下干燥 12h，称量干燥离心管的质量，再加入电解液；装有电解液的离心管在空气中放置 72h，放置过程中往电解液鼓入空气，结束后用低温冷冻离心机在 15℃、3000r/min 的条件下，离心 5min，每次离心结束后用去离子水冲洗一遍，冲洗 5 次，离心后的离心管放置于鼓风干燥箱内 60℃ 干燥 24h，称重，减去干燥离心管的质量，获得锡胶生成量。锡胶生成量测试装置如图 2.4 所示。

图 2.4 锡胶生成量测试装置

2.2.4 线性扫描伏安法

采用线性扫描伏安法（linear scanning voltammograms，LSV）研究不同添加剂对电解液中 Sn(Ⅱ) 离子电化学沉积行为的影响。在电化学工作站上进行扫描测试，对电极使用面积为 16cm^2 的自制石墨电极，参比电极使用 $Hg/Hg_2SO_4/$ sat. K_2SO_4，薄锡片（10mm×10mm×0.5mm，≥99.99%）作为工作电极，实验装置如图 2.5 所示。如无特殊说明，文中所有电位均相对该参比。初始扫描电位为 -0.89V，扫描速率为 5mV/s，扫描结束电位为-1.1V，电解液温度恒定在 35℃，电解液体积为 250mL，每次阴极极化曲线测试时只改变添加剂的种类以及添加剂的添加量，其他的实验条件不变。

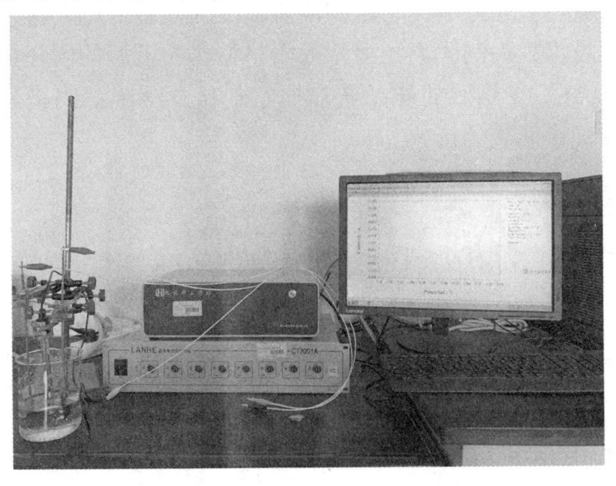

图 2.5 电化学测试设备连接图

2.2.5 模拟电解实验

采用恒流极化测试模拟电解精炼过程，采用蓝电电池测试系统提供直流电进行恒流极化，电流密度为 $10mA/cm^2$，保持测试环境恒定 35℃，极距 40mm，恒流极化周期为 48h，实验装置如图 2.6 所示。电解前后采用失重法获得沉积锡的质量，根据法拉第定律计算阴极锡的电流效率。每次进行恒流极化时只需要改变添加剂的种类和添加剂的添加量，其他实验条件不变。

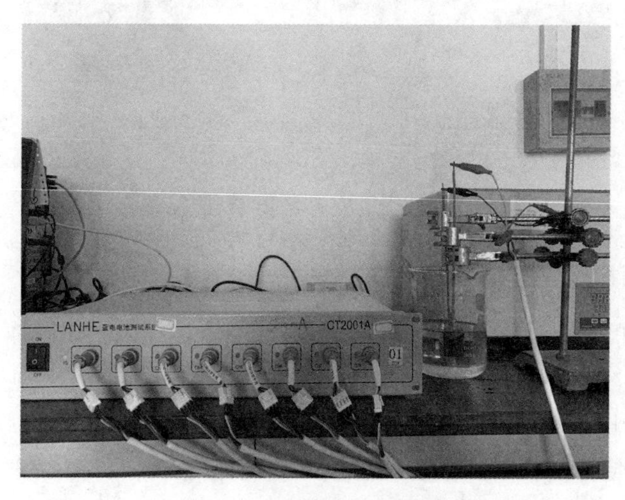

图 2.6 模拟电解实验装置

2.2.6 扫描电子显微镜

恒流极化 48h 后，先用去离子水将阴极锡表面残留的电解液冲洗干净，然后再用吹风机将阴极锡表面的去离子冷水吹干，再将吹干后的阴极锡放入鼓风干燥箱在 60℃下干燥 8h。干燥后的样品送扫描电子显微镜观察阴极锡形貌，以研究不同添加剂对阴极锡形貌的影响。

2.2.7 阴极电位监测

在电化学工作站上采用计时电位法记录电解过程中的阴极电位变化情况。计时电位测试采用三电极体系，阴极锡为工作电极，石墨电极为模拟阳极，$Hg/Hg_2SO_4/$sat. K_2SO_4 为参比电极。电流密度为 $10mA/cm^2$，测试过程中电解液温度恒定在 35℃，阴阳极极间距为 40mm，记录 24h 恒流极化模拟电解过程中阴极电位的变化。

2.2.8 电流效率的测定

在进行电解精炼前先将打磨好的阴极锡干燥后进行称重，然后记录其质量

(m_1)，电解精炼 48h 后拿出阴极锡，先用去离子水将阴极表面剩余电解液冲洗干净，然后再用吹风机将阴极表面的去离子水吹干，然后放进 60℃鼓风干燥箱里干燥 8h 以上。将干燥后的阴极进行称重，记录其质量（m_2）。计算方法见式(2.11)：

$$\eta = \frac{\Delta m}{cIt} \times 100\% = \frac{m_2 - m_1}{cIt} \times 100\% \tag{2.11}$$

式中，η 为电流效率,%；m_1 为模拟电解前锡阴极质量，g；m_2 为 48h 模拟电解后阴极质量，g；c 为锡的电化学当量，2.214g · A/h；I 为电流强度，0.01A；t 为电解时间，48h。

参考文献

[1] 周伯劲．锡分析的进展 [J]．分析化学，1974，2 (4)：322~329.

[2] 周康，王劲榕，周中万．络合滴定法测锡进展 [J]．理化检验（化学分册），1998，34 (11)：519~523.

3 传统添加剂对锡电解精炼过程的影响

传统锡电解精炼广泛采用硫酸-硫酸亚锡-甲酚磺酸电解液体系。其中，甲酚磺酸可增大阴极极化，阻滞锡还原沉积，起到使阴极锡平整致密的作用。然而，甲酚磺酸有毒害作用，严重恶化劳动环境。为寻找一种绿色环保添加剂以替代甲酚磺酸，本章对比研究了几种传统电解用添加剂对锡电解精炼过程的影响，尝试从传统电解用添加剂中寻找适于锡电解精炼的绿色添加剂。

本章主要研究内容有：（1）对比研究了甲酚磺酸、酒石酸、没食子酸、木质素磺酸钠对锡电极阴极极化曲线的影响，分析各添加剂对锡电解阴极沉积行为的影响；（2）对比研究了上述添加剂对电解液稳定性、电流效率及阴极锡形貌的影响；（3）在确定添加剂添加方案后，进一步优化电解工艺参数，如电流密度、初始 H_2SO_4 浓度、初始 Sn(Ⅱ) 浓度、温度；（4）将优化后添加剂加入工业电解液中，在最优电解工艺条件下，评估添加剂对电流效率、电解液稳定性、阴极形貌和阴极成分的影响。

3.1 甲酚磺酸对锡电解精炼过程的影响

本节通过研究甲酚磺酸（CSA）对 Sn 电极阴极极化曲线的影响，分析 CSA 在锡电解精炼过程中的作用机理。研究的主要内容包括：添加 CSA 对 Sn 电极阴极极化曲线、Sn(Ⅱ) 浓度、H^+浓度、阴极形貌和电流效率的影响。

3.1.1 阴极沉积过程

为研究 CSA 对阴极沉积过程的影响，采用线性扫描方法得到了 Sn 电极在不同电解液中的阴极极化曲线，如图 3.1 所示。

由图 3.1 可知，在空白电解液（BE）中，从开路电位（-0.885V）向负扫时，电流立即增大，阴极开始 Sn(Ⅱ) 的沉积反应。说明 Sn(Ⅱ) 的沉积所需极化小，沉积动力学快。随后出现一个还原峰 C_1，峰值电位约为-1.020V，峰值电流密度约为-32mA/cm²。电位继续向负扫，出现一个阴极还原枝 C_2，此时，在阴极上同时发生 Sn(Ⅱ) 的沉积和析氢反应。

而在 BE-CSA 电解液中，阴极极化曲线同样出现还原峰 C_1。但相比于 BE 电解液，BE-CSA 电解液的 C_1 峰峰值电流显著减小，峰值密度约为-24mA/cm²，说明 CSA 显著减缓了 Sn(Ⅱ) 的沉积。当电位继续向负扫时，析氢反应开始进行，但电流变化缓慢，说明 CSA 对析氢反应也有一定的抑制作用。

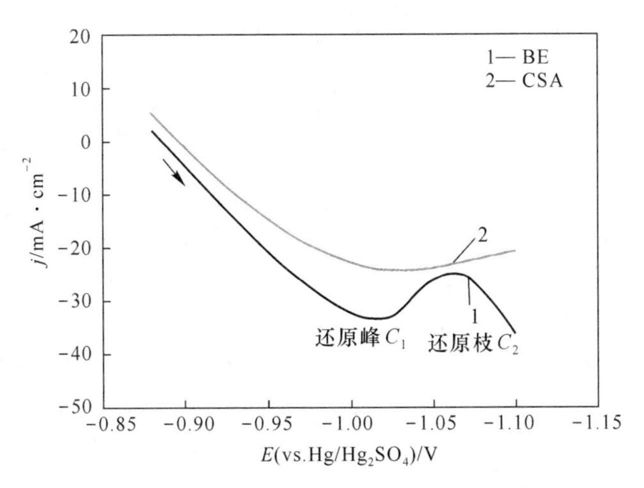

图 3.1 Sn 电极在不同电解液中的极化曲线

3.1.2 电解液稳定性

在电解前后，分析了电解液中 Sn(Ⅱ) 浓度、Sn(Ⅱ) 在总 Sn 中的占比和 H^+浓度，结果分别列于表 3.1 和表 3.2。

表 3.1 电解前后溶液中 Sn(Ⅱ) 浓度及 Sn(Ⅱ)/Sn(T) 变化

电解液体系	$c_{Sn(Ⅱ)}$/g · L^{-1}		$c_{Sn(Ⅱ)}/c_{Sn(T)}$ /%	
	电解前	电解后	电解前	电解后
BE	15.77	15.38	74.68	73.30
BE-CSA	16.72	15.86	78.76	73.70

表 3.2 电解前后电解液 H^+浓度变化

电解液体系	c_{H^+}/mol · L^{-1}		Δc_{H^+}/mol · L^{-1}
	电解前	电解后	
BE	2.176	2.092	0.084
BE-CSA	2.201	2.156	0.045

电解前后溶液中 Sn(Ⅱ) 浓度的降低主要是因为 Sn(Ⅱ) 的氧化和水解。由于总锡浓度的变化受多种因素共同决定，如阳极-阴极电流效率差、锡胶的吸附沉积，以及锡胶颗粒沉淀形成阳极泥等，因此在表 3.1 中未列出 Sn(T) 的浓度，

只列出了 Sn(Ⅱ) 在 Sn(T) 中的占比，该占比可以间接地反映出电解液的稳定性。

由表 3.1 可知，在 BE 电解液中，电解前后 Sn(Ⅱ) 浓度降低了 0.4g/L 左右，Sn(Ⅱ) 的占比也由 74.68%降低至 73.30%。

而在 BE-CSA 电解液中，电解液前后 Sn(Ⅱ) 的浓度降低了 0.86g/L；虽然浓度降低的幅度高于 BE 电解液，但是电解前后 Sn(Ⅱ) 的浓度均高于 BE 电解液体系。此外电解 24h 后，Sn(Ⅱ) 占比也略高于 BE 电解液。说明 CSA 确实起到了稳定电解液中 Sn(Ⅱ) 的作用。

在电解过程中，除了 Sn(Ⅱ) 浓度对电解过程有影响，电解液的酸度对电解过程也有较大影响，表现为对阴极产品质量、电流效率及 Sn(Ⅱ) 稳定性均有一定影响。因此，有必要分析电解前后 H^+ 含量的变化。由于 CSA 会电离生成 H^+，因此讨论酸度的绝对浓度意义不大，但可以将电解前后电解液酸度的变化值作为评估的指标。

由表 3.2 可知，在 BE 电解液中，电解前后电解液的酸度降低了 0.084mol/L。在 BE-CSA 电解液中，电解液酸度的降低幅度约为 BE 电解液的一半，具体为 0.045mol/L。可以通过如图 3.1 所示的阴极极化曲线来分析 CSA 对电解前后电解液酸度变化的影响，阴极极化曲线表明甲酚磺酸具有一定程度抑制析氢反应的作用，所以电解前后酸度的变化值小于 BE 电解液体系。

3.1.3 阴极形貌

通过扫描电子显微镜观察，不同浓度的 CSA 对阴极锡形貌的影响结果如图 3.2 所示。由图 3.2 可知，在 BE 电解液中，阴极锡表面形貌较为致密，表面呈现出明显的晶体颗粒堆积形貌，大部分晶体颗粒呈扁长立方体状。这主要是得益于添加剂 2-萘酚和明胶的作用，因为两者可以吸附在阴极表面，减缓 Sn(Ⅱ) 的沉积，抑制其在优势生长方向上的快速结晶长大。

在电解液中加入 CSA 时，随着 CSA 加入量的增加，阴极锡的平整致密性愈好；当 CSA 的加入量高于 10g/L 时，阴极形貌的平整致密性变化不大。所以 CSA 可以大幅改善阴极的平整性与致密度。

由图 3.1 阴极极化曲线的分析结果可知，在含 CSA 的电解液中，CSA 可以减缓 Sn(Ⅱ) 的结晶生长，从而有利于得到结晶细小的颗粒。但由图 3.2 的形貌可知，在含 CSA 的电解液中，阴极锡表面不仅结晶颗粒小，而且结晶更为平整；由此可以推测 CSA 不仅具有延缓 Sn(Ⅱ) 结晶生长的作用，还能吸附在阴极结晶表面，改变 Sn(Ⅱ) 的沉积路径，使得 Sn(Ⅱ) 在阴极上的沉积更均匀，从而起到平整的效果。CSA 在阴极锡表面上的吸附行为以及对 Sn(Ⅱ) 的沉积机理还有待做进一步的研究。

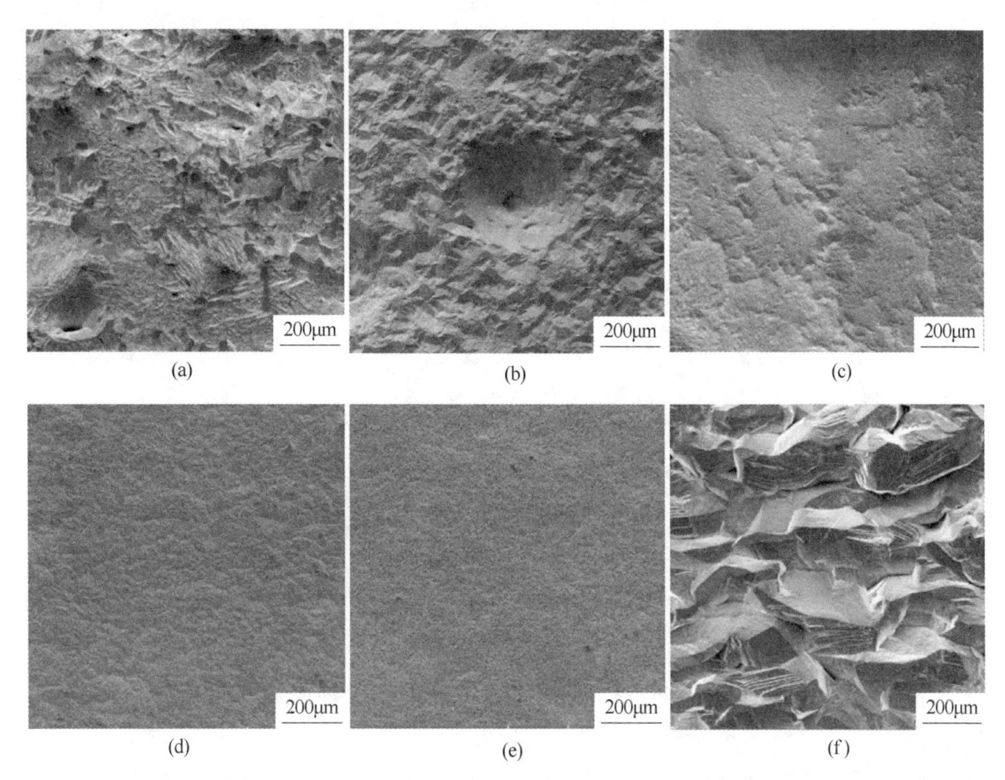

图 3.2 BE-CSA 电解体系与 BE 体系阴极锡表面形貌对比

(a) BE-2.5g/L CSA；(b) BE-5g/L CSA；(c) BE-10g/L CSA；
(d) BE-15g/L CSA；(e) BE-20g/L CSA；(f) BE

3.1.4 电流效率

模拟工业生产条件进行锡电解液的配制。按照试验条件，在电解液中分别添加 2.5g/L、5g/L、10g/L、15g/L、20g/L 的 CSA，恒流电解 24h。电解 24h 之后，将阴极清洗干净，并将阴极烘干至恒重，计算电流效率。不同浓度的 CSA 对于电解电流效率的影响如图 3.3 所示。

由图 3.3 可知，在 BE 电解液中，电流效率可达 99.53%，这是因为该数据是在实验室条件下得到的，所以远高于工业的实际生产水平。这与电解液的配制方法有关，因为在实验室条件下的电解液是用分析纯的 $SnSO_4$ 直接配制而成，其中杂质含量低；另外实验室用的电解液未经长时间的循环，杂质的积累也较少。

当 CSA 浓度在 10g/L 以下时，随着 CSA 用量的增加，电流效率基本不变，维持在 98.5%左右；但当其浓度高于 10g/L 时，电流效率显著降低。值得注意的是，在酸性体系中，析氢反应是常见的副反应。但是在 BE-CSA 电解液中电

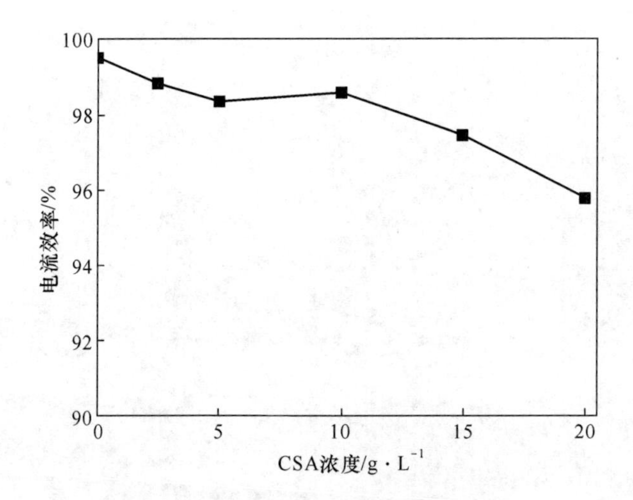

图 3.3 CSA 浓度对电解电流效率的影响

解前后 H^+浓度降低的幅度小于 BE 电解液，说明在含 CSA 的电解液中电流效率降低不完全是由析氢副反应造成的。由前文可知，因为 CSA 具有增大阴极极化的作用，这使得其他杂质更容易在阴极上发生副反应，从而导致电流效率的降低。

综上所述，虽然甲酚磺酸对于稳定电解液及获得平整致密的阴极锡形貌有利，但其不仅没有改善电流效率的作用，反而会使电流效率有所降低。综合考虑之后，CSA 的用量选择为 10g/L 较为合适。

3.2 没食子酸对锡电解精炼过程的影响

由于 CSA 含有酚羟基，所以本节从分子结构出发，提出一种含有酚羟基的物质没食子酸（GA）作为锡电解精炼的添加剂。GA 作为广泛使用的食品添加剂，具有比 CSA 更环保、更安全的优点。本节通过研究 GA 的阴极极化曲线分析其在锡电解精炼过程中的作用机理，研究的主要内容包括：GA 的阴极极化曲线，GA 对 Sn(Ⅱ）和 H^+含量的影响、对阴极形貌及电流效率的影响。

3.2.1 阴极沉积过程

为研究 GA 对阴极沉积过程的影响，采用线性扫描方法得到了 Sn 电极在不同电解液中的阴极极化曲线，如图 3.4 所示。

由图 3.4 可知，在 BE-GA 电解液中，Sn(Ⅱ）的还原峰 C_1 与 BE 电解液基本重合，说明 GA 对 Sn(Ⅱ）的沉积影响不大。同时可以发现 GA 与 CSA 都具有抑制析氢的效果，且效果相当。

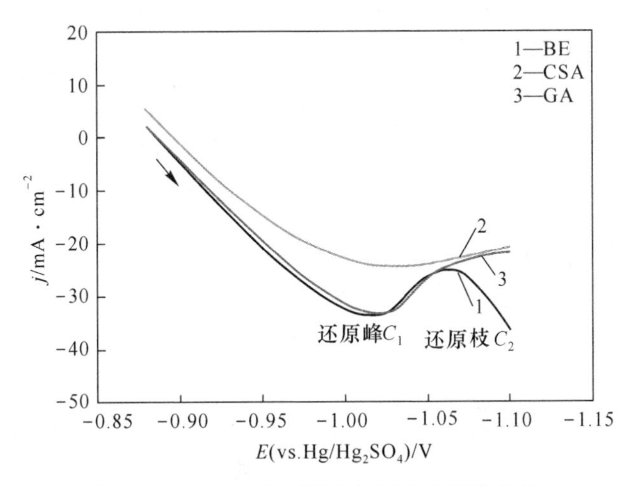

图 3.4　Sn 电极在不同电解液中的极化曲线

3.2.2　电解液稳定性

在电解前后，分析了电解液中的 Sn(Ⅱ) 浓度、Sn(Ⅱ) 在总 Sn 中的占比和 H^+浓度，分别列于表 3.3 和表 3.4。

表 3.3　电解前后溶液中 $c_{Sn(Ⅱ)}$ 浓度及 $c_{Sn(Ⅱ)}/c_{Sn(T)}$ 变化

电解液体系	$c_{Sn(Ⅱ)}$/g · L^{-1}		$c_{Sn(Ⅱ)}/c_{Sn(T)}$/%	
	电解前	电解后	电解前	电解后
BE	15.77	15.38	74.68	73.30
BE-CSA	16.72	15.86	78.76	73.70
BE-GA	16.55	15.73	77.95	76.63

由表 3.3 可知，在 BE-GA 电解液中，电解前后 Sn(Ⅱ) 浓度降低了 0.82g/L，虽然降低的幅度高于 BE 电解液，但电解前后 Sn(Ⅱ) 的浓度与 BE-CSA 电解液中的 Sn(Ⅱ) 浓度相当且均高于 BE 电解液。值得注意的是，BE-GA 电解液在电解后，溶液中的 Sn(Ⅱ) 占比明显高于 BE 和 BE-CSA。因此可以得出结论：GA 在稳定电解液中的 Sn(Ⅱ) 方面有明显的作用，且效果优于 CSA。这可能是因为没食子酸的还原性较强，溶液中的溶解氧及 Sn(Ⅳ) 可优先与没食子酸发生反应，如此不仅减少了 Sn(Ⅱ) 的氧化，而且可能促进 Sn(Ⅳ) 还原为 Sn(Ⅱ)，从而使得电解液中的 Sn(Ⅱ) 浓度维持在较高水平。

表 3.4 电解前后电解液 H^+浓度变化

电解液体系	c_{H^+}/mol · L^{-1}		Δc_{H^+}/mol · L^{-1}
	电解前	电解后	
BE	2.176	2.092	0.084
BE-CSA	2.201	2.156	0.045
BE-GA	2.196	2.193	0.003

由表 3.4 可知，在 BE-GA 电解液中，电解前后电解液的酸度基本未发生变化。可通过图 3.4 所示的阴极极化曲线的分析结果来解释含 GA 电解液对电解前后酸度变化的影响，阴极极化曲线表明：GA 有抑制析氢的作用。同时或许是由于没食子酸含有三个酚羟基，使其在电解液中可以电离出比 CSA 更多的 H^+，从而使得含 GA 电解液中的 H^+在电解过程中基本不会因为参与析氢反应而有所减少。因此，含 GA 电解液的酸度在电解前后可基本维持不变。

3.2.3 阴极形貌

GA 不同浓度对阴极形貌的影响通过扫描电子显微镜观察，如图 3.5 所示。

图 3.5 BE-GA 电解体系与 BE-CSA 体系阴极形貌的对比

(a) BE-1g/L GA；(b) BE-1.5g/L GA；(c) BE-2.5g/L GA；
(d) BE-5g/L GA；(e) BE-10g/L GA；(f) BE-10g/L CSA

由图 3.5 可知，对于含 GA 的电解液，其阴极锡表面的平整性低于 CSA 电解液，会出现由于晶体颗粒堆积而形成的大角度接触角，晶体颗粒呈不规则的立方体结构。在 GA 在低浓度时，可得到致密的阴极锡，但当浓度过高时，就会出现空隙，从而使阴极锡的致密度降低。更为严重的是，在含 10g/L GA 时，阴极锡的边缘会生长出大量的细长枝晶，不利于电解过程的进行。

3.2.4 电流效率

模拟工业生产条件进行锡电解液的配制。按照试验条件，在电解液中分别添加 1g/L、1.5g/L、2.5g/L、5g/L、10g/L 的 GA，恒流电解 24h。电解 24h 之后，将阴极清洗干净，并将阴极烘干至恒重，计算电流效率。不同浓度的 GA 对于电解电流效率的影响如图 3.6 所示。

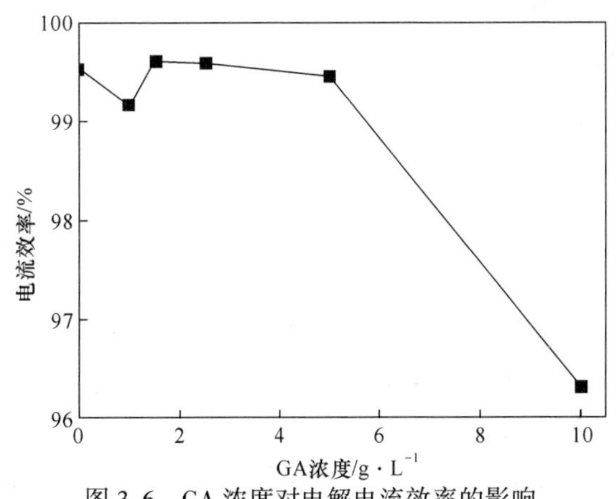

图 3.6 GA 浓度对电解电流效率的影响

由图 3.6 可知，在 BE-GA 电解液中，当 GA 的用量低于 5g/L 时，随着 GA 浓度的增大，其电流效率基本维持不变，与 BE 电解液相当；但当 GA 的浓度达到 10g/L 时，电流效率明显降低。这可能是因为随着 GA 加入量的增大会使阴极表面出现的细长枝晶增多，这些枝晶容易使得阴阳极接触短路，从而导致电流效率的降低。因此 GA 的用量应该控制在 10g/L 以下，以防止大量枝晶的生成。当 GA 浓度为 1.5g/L 时，其电流效率达到最佳值为 99.61%。

综上所述，虽然适量的 GA 能够显著的抑制析氢反应，能够维持 Sn(Ⅱ) 及酸度在一个较高的水平，可以小幅增加电流效率；但是其对阴极形貌的改善没有明显的效果，且会降低阴极锡的平整度。综合考虑之后，选择 GA 的最优用量为 1.5g/L。

3.3 木质素磺酸钠对锡电解精炼过程的影响

由于 CSA 含有磺酸基，因此本节从分子结构出发，提出一种含有磺酸基的物质——木质素磺酸钠（SL）作为锡电解精炼的添加剂。木质素磺酸钠主要用于改善阴极形貌。本节通过研究木质素磺酸钠的阴极极化曲线分析其在锡电解精炼过程中的作用机理，研究的主要内容包括：木质素磺酸钠的阴极极化曲线，木质素磺酸钠（SL）对阴极形貌及电流效率的影响。

3.3.1 阴极沉积过程

为研究木质素磺酸钠对阴极沉积过程的影响，采用线性扫描方法得到了 Sn 电极在不同电解液中的阴极极化曲线，如图 3.7 所示。

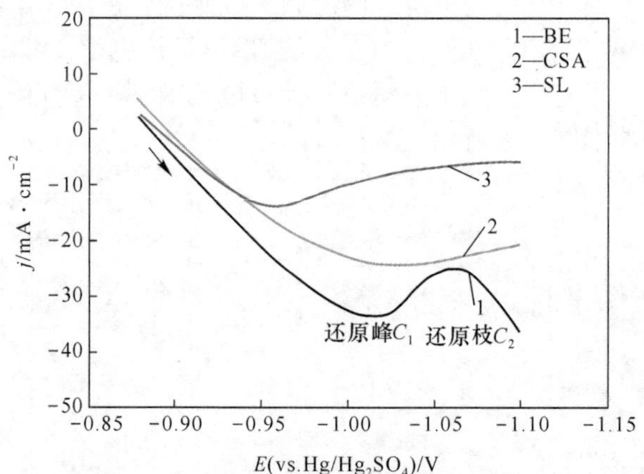

图 3.7 Sn 电极在不同电解液中的极化曲线

由图 3.7 可知，在 BE-SL 电解液中，阴极极化曲线同样出现了还原峰 C_1，与 BE 和 BE-CSA 电解液相比较，C_1 峰峰值电流密度显著减小，约为−15mA/cm^2，说明 SL 显著延缓了 Sn(Ⅱ) 的沉积。电位继续负扫，析氢反应开始，但还原枝电流增长缓慢，说明 SL 对析氢反应具有一定的抑制作用。

3.3.2 电解液稳定性

在电解前后，分析了电解液中的 Sn(Ⅱ) 浓度、Sn(Ⅱ) 在总 Sn 中的占比和 H^+浓度，分别列于表 3.5 和表 3.6。

表 3.5 电解前后溶液中 $c_{Sn(Ⅱ)}$ 及 $c_{Sn(Ⅱ)}/c_{Sn(T)}$ 变化

电解液体系	$c_{Sn(Ⅱ)}$/g · L^{-1}		$c_{Sn(Ⅱ)}/c_{Sn(T)}$/%	
	电解前	电解后	电解前	电解后
BE	15.77	15.38	74.68	73.30
BE-CSA	16.72	15.86	78.76	73.70
BE-SL	15.30	14.20	74.12	72.75

由表 3.5 可知，在 BE-SL 电解液中，电解前后 Sn(Ⅱ) 浓度降低了 1.10g/L，降低的幅度显著高于 BE 电解液，同时 Sn(Ⅱ) 的占比也是显著降低。值得注意的是，BE-SL 电解液在电解后，溶液中的 Sn(Ⅱ) 占比明显低于 BE 和 BE-CSA。

由此可得：SL 并不具有稳定电解液中 Sn(Ⅱ) 含量的作用。

表 3.6 电解前后电解液 H^+浓度变化

电解液体系	c_{H^+}/mol · L^{-1}		Δc_{H^+}/mol · L^{-1}
	电解前	电解后	
BE	2.176	2.092	0.084
BE-CSA	2.201	2.156	0.045
BE-SL	2.026	1.987	0.039

由表 3.6 可知，在 BE-SL 电解液中，电解前后电解液的酸度变化小于 BE 和 BE-CSA 电解液。可通过图 3.7 所示的阴极极化曲线的分析结果来解释含 SL 电解液对电解前后酸度变化的影响，阴极极化曲线表明：SL 有抑制析氢的作用，且抑制析氢作用强于 CSA。

3.3.3 阴极形貌

不同浓度的木质素磺酸钠（SL）对阴极锡形貌的影响通过扫描电子显微镜观察，结果如图 3.8 所示。

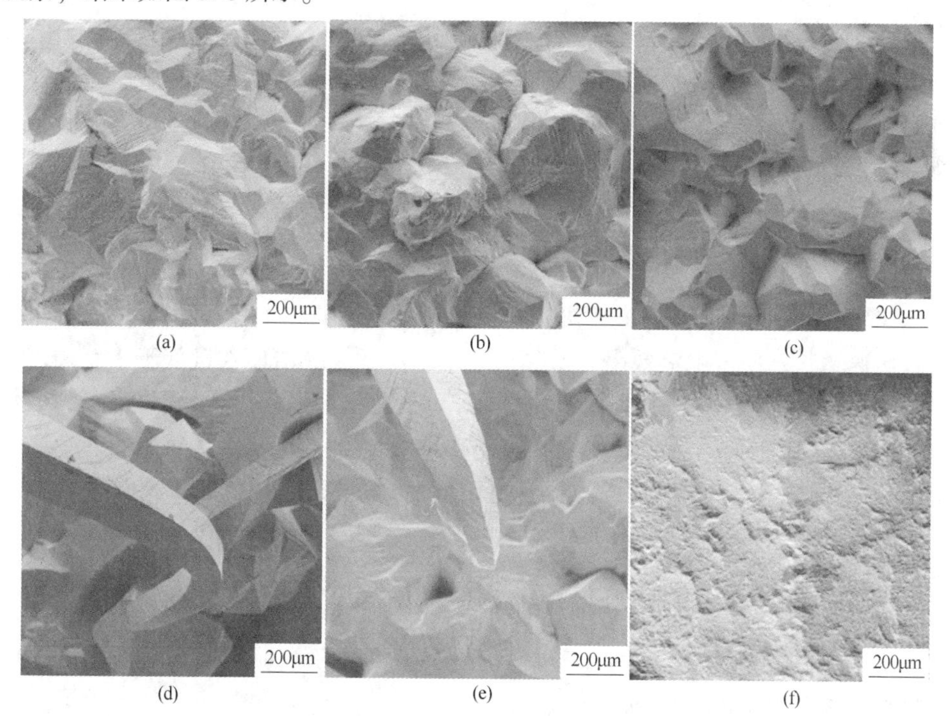

图 3.8 BE-SL 电解体系与 BE-CSA 体系阴极形貌的对比
(a) BE-0.5g/L SL；(b) BE-1g/L SL；(c) BE-1.5g/L SL；(d) BE-2g/L SL；
(e) BE-3g/L SL；(f) BE-10g/L CSA

由图 3.8 可知，当 SL 浓度低于 1.5g/L 时，阴极结晶颗粒细小，有一定平整效果；当 SL 浓度高于 1.5g/L 时，阴极会生成较长的枝晶。

3.3.4 电流效率

模拟生产条件进行电解液配制。按照试验条件，在电解液中分别添加 0.5g/L、1g/L、1.5g/L、2g/L、3g/L 的 SL，恒流电解 24h。电解 24h 之后，将阴极清洗干净，并将阴极烘干至恒重，计算电流效率。不同浓度的 SL 对于电解电流效率的影响如图 3.9 所示。

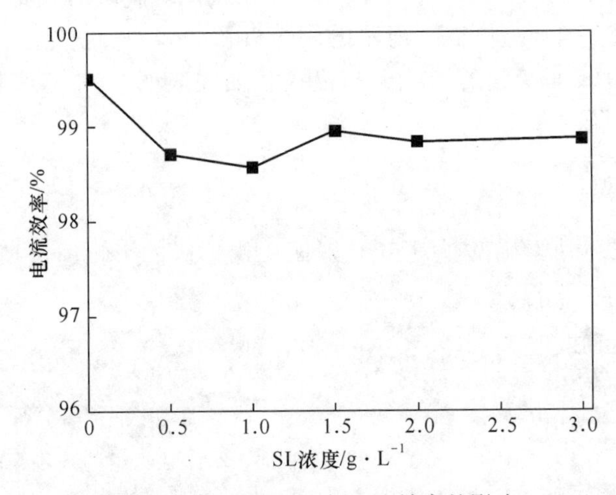

图 3.9 SL 浓度对电解电流效率的影响

由图 3.9 可知，在 BE-SL 电解液中，添加剂 SL 的加入使得电流效率普遍低于 BE 电解液，这可能是由于 SL 可吸附在阴极结晶颗粒上，抑制了结晶在优势方向上的快速增长，使得电流效率有所降低。当木质素磺酸钠加入量低于 1.5g/L 时，随着 SL 的加入，电流效率逐渐增大；当加入量为 1.5g/L 时，电流效率达到最佳值，但仅为 98.96%。随后继续增加 SL 的用量，电流效率基本保持不变。

综上所述，虽然 SL 对电流效率的提升没有效果，但其在低浓度时能有效地改善阴极的致密度。综合考虑之后，SL 的添加量为 1.5g/L 时最为合适。

3.4 酒石酸对锡电解精炼过程的影响

由于 GA 溶解度较低，所以需要重新选择一种能够稳定电解液和电流效率的添加剂。参考镀锡液添加剂，选择了酒石酸（SS）作为新的稳定剂，因为其能与 Sn(Ⅱ) 形成非常稳定的络合物。本节通过研究 SS 的阴极极化曲线分析其在锡电解精炼过程中的作用机理，研究的主要内容包括：SS 的阴极极化曲线，SS 对阴极形貌及电流效率的影响。

3.4.1 阴极沉积过程

为研究 SS 对阴极沉积过程的影响，采用线性扫描方法得到了 Sn 电极在不同电解液中的阴极极化曲线，如图 3.10 所示。

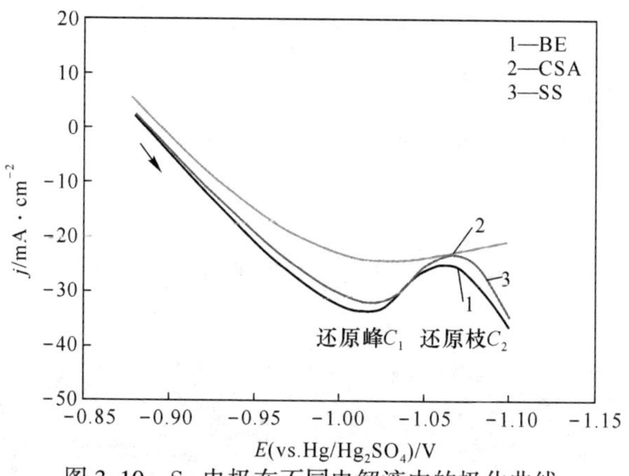

图 3.10 Sn 电极在不同电解液中的极化曲线

由图 3.10 可知，在 BE-SS 电解液中，阴极极化曲线与 BE 电解液基本一致，可观察到明显的还原峰 C_1 和还原枝 C_2，说明 SS 没有延缓 Sn(Ⅱ) 沉积和抑制析氢的作用。

3.4.2 电解液稳定性

在电解前后，分析了电解液中的 Sn(Ⅱ) 浓度、Sn(Ⅱ) 在总 Sn 中的占比和 H^+的浓度，分别列于表 3.7 和表 3.8。

表 3.7 电解前后溶液中 Sn(Ⅱ) 浓度及 $c_{Sn(Ⅱ)}/c_{Sn(T)}$ 变化

电解液体系	$c_{Sn(Ⅱ)}/g \cdot L^{-1}$		$c_{Sn(Ⅱ)}/c_{Sn(T)}/\%$	
	电解前	电解后	电解前	电解后
BE	15.77	15.38	74.68	73.30
BE-CSA	16.72	15.86	78.76	73.70
BE-SS	15.86	15.73	74.19	74.07

由表 3.7 可知，在 BE-SS 电解液中，电解前后 Sn(Ⅱ) 的浓度降低了 0.13g/L，降低的幅度远小于 BE 和 BE-CSA 电解液；同时电解前后 Sn(Ⅱ) 的占比基本稳定不变，且电解后 Sn(Ⅱ) 的占比为 74.07%，明显地高于 BE 和 BE-CSA 电解液。

因此可以得出结论：SS 在稳定电解液中 Sn(Ⅱ) 浓度方面有显著的作用，且效果优于 CSA。这可能是因为 SS 能与 Sn(Ⅱ) 形成稳定的络合物，使得 Sn(Ⅱ) 的氧化更不易进行，从而保证了 Sn(Ⅱ) 的浓度可维持在较高的水平。

表 3.8 电解前后电解液 H^+浓度变化

电解液体系	c_{H^+}/mol · L^{-1}		Δc_{H^+}/mol · L^{-1}
	电解前	电解后	
BE	2.176	2.092	0.084
BE-CSA	2.201	2.156	0.045
BE-SS	2.206	2.146	0.060

由表 3.8 可知，与 BE-CSA 电解液相比，在 BE-SS 电解液中，电解前后溶液的酸度变化较大，但变化的幅度小于 BE 电解液。

3.4.3 阴极形貌

不同浓度的 SS 对阴极锡形貌的影响通过扫描电子显微镜观察，结果如图 3.11 所示。

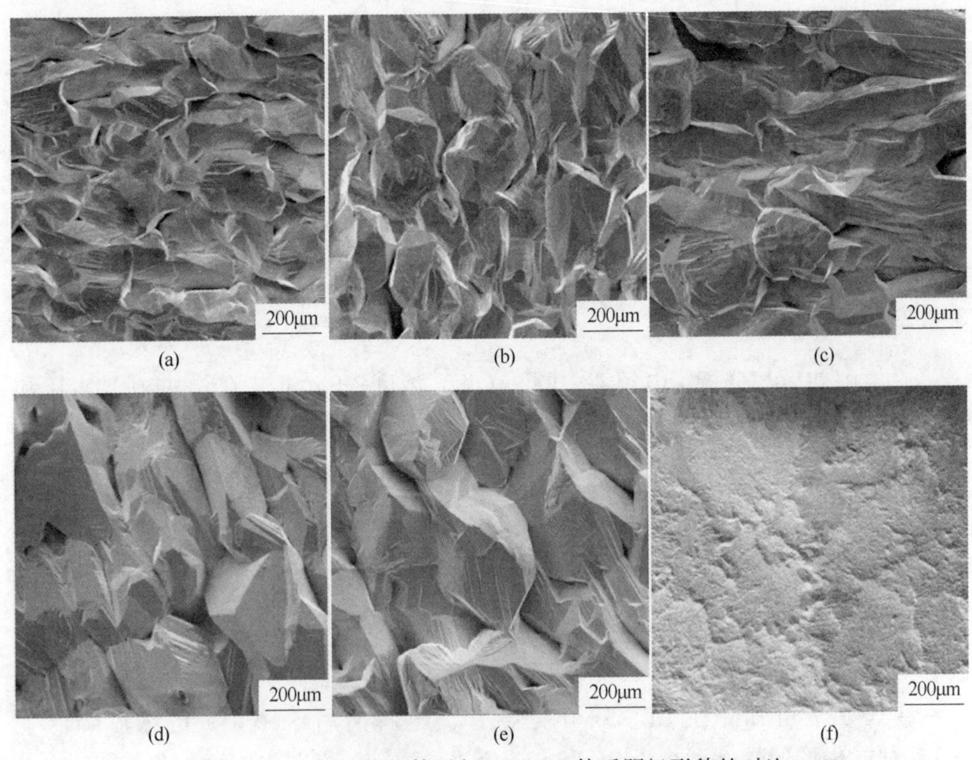

图 3.11 BE-SS 电解体系与 BE-CSA 体系阴极形貌的对比

(a) BE-2.5g/L SS；(b) BE-5g/L SS；(c) BE-10g/L SS；(d) BE-15g/L SS；(e) BE-20g/L SS；(f) BE-10g/L CSA

由图 3.11 可知，在 BE-SS 电解液中，得到的阴极形貌与 BE 电解液相似，结晶颗粒呈不规则立方体状；且随着 SS 用量的增加，阴极的结晶颗粒越粗。

3.4.4　电流效率

模拟工业生产条件进行锡电解液的配制。按照试验条件，在电解液中分别添加 2.5g/L、5g/L、10g/L、15g/L、20g/L 的 SS，恒流电解 24h。电解 24h 之后，将阴极清洗干净，并将阴极烘干至恒重，计算电流效率。不同浓度的 SS 对于电解电流效率的影响如图 3.12 所示。

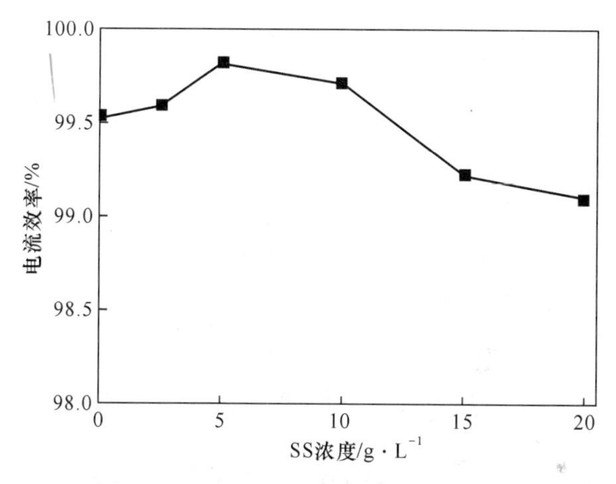

图 3.12　SS 浓度对电解电流效率的影响

由图 3.12 可知，在 BE-SS 电解液中，随着 SS 加入量的增大，电流效率呈现出先增大后降低的趋势。与 BE 电解液相比，当 SS 加入量低于 5g/L 时，随着 SS 加入量的增加对提高电流效率有较好作用；但当 SS 的浓度继续增加时，电流效率略微降低。这可能是因为随着 SS 加入量的增加，导致更多的 Sn(Ⅱ)被络合，使 Sn(Ⅱ) 更不易在阴极上发生还原反应而析出，所以电流效率有一定的降低。

综上所述，虽然 SS 的加入对阴极形貌没有明显的改善作用，但其对稳定电解液与提升电流效率具有明显效果。综合考虑之后，SS 的加入量以 5g/L 为宜。

3.5　酒石酸和木质素磺酸钠组合添加对锡电解精炼过程的影响

综上所述，三种添加剂单独使用时并不能达到取代甲酚磺酸（CSA）的效果。与没食子酸（GA）和 SS 相比，SL 具有使阴极结晶致密的优点；而就改善电流效率和稳定电解液方面而言，SS 和 GA 的效果都优于 SL，且由于 GA 的溶解度较低，所以 SS 效果最优。进而考虑在较优浓度范围内，考察 SS 和 SL 的组合使用对阴极极化曲线、阴极表面形貌及电流效率的影响。

3.5.1 阴极沉积过程

为研究 SS 与 SL 混合使用时对阴极沉积过程的影响，采用线性扫描方法得到了 Sn 电极在不同电解液中的阴极极化曲线，如图 3.13 所示。

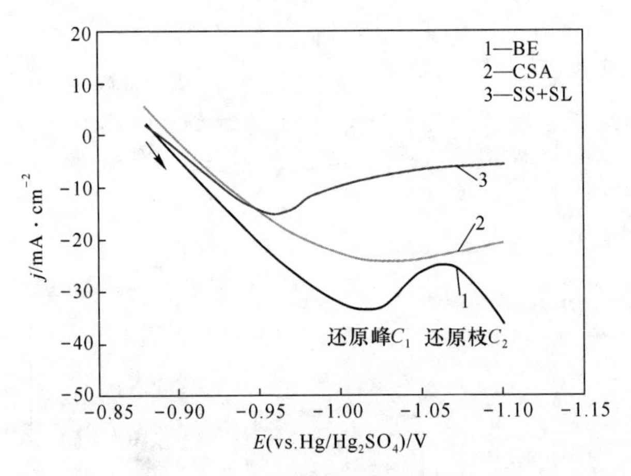

图 3.13 Sn 电极在不同电解液中的极化曲线

由图 3.13 可知，SS+SL 组合使用时的阴极极化曲线与 SL 单独使用时效果相差不大。组合添加剂具有延缓 Sn(Ⅱ) 沉积和抑制析氢反应的作用。

3.5.2 电解液稳定性

在电解前后，分析了电解液中的 Sn(Ⅱ) 浓度、Sn(Ⅱ) 在总 Sn 中的占比和 H^+浓度，分别列于表 3.9 和表 3.10。

表 3.9 电解前后溶液中 Sn(Ⅱ) 浓度及 $c_{Sn(Ⅱ)}/c_{Sn(T)}$ 变化

电解液体系	$c_{Sn(Ⅱ)}$/g · L^{-1}		$c_{Sn(Ⅱ)}/c_{Sn(T)}$/%	
	电解前	电解后	电解前	电解后
BE	15.77	15.38	74.68	73.30
BE-CSA	16.72	15.86	78.76	73.70
BE-SS-SL	15.84	15.71	74.72	74.10

由表 3.9 可知，在 BE-SS-SL 电解液中，电解前后 Sn(Ⅱ) 浓度降低了 0.13g/L，降低的幅度远小于 BE 和 BE-CSA 电解液，同时电解后 Sn(Ⅱ) 的浓度与 BE-CSA 电解液中的 Sn(Ⅱ) 浓度相当且均高于 BE 电解液。值得注意的是，BE-SS-SL 电解液在电解后，溶液中的 Sn(Ⅱ) 占比明显高于 BE 和 BE-CSA。因此可以得出结论：组合添加剂 SS-SL 在稳定电解液中 Sn(Ⅱ) 方面有明显的作用，且效果优于 CSA。

表 3.10 电解前后电解液 H^+浓度变化

电解液体系	c_{H^+}/mol · L^{-1}		Δc_{H^+}/mol · L^{-1}
	电解前	电解后	
BE	2.176	2.092	0.084
BE-CSA	2.201	2.156	0.045
BE-SS-SL	2.095	2.055	0.040

由表 3.10 可知，在 BE-SS-SL 电解液中，电解前后电解液的酸度值略有降低。可通过图 3.13 所示的阴极极化曲线的分析结果来解释含组合添加剂 SS-SL 的电解液对电解前后酸度变化的影响，阴极极化曲线表明：组合添加剂 SS-SL 有抑制析氢的作用，且效果优于 CSA。因此，含组合添加剂 SS-SL 的电解液酸度在电解前后的变化小于 CSA。

3.5.3 阴极形貌

锡电解过程中不同浓度组合的 SS 与 SL 对阴极锡表面形貌的影响通过扫描电子显微镜观察，结果如图 3.14 所示。

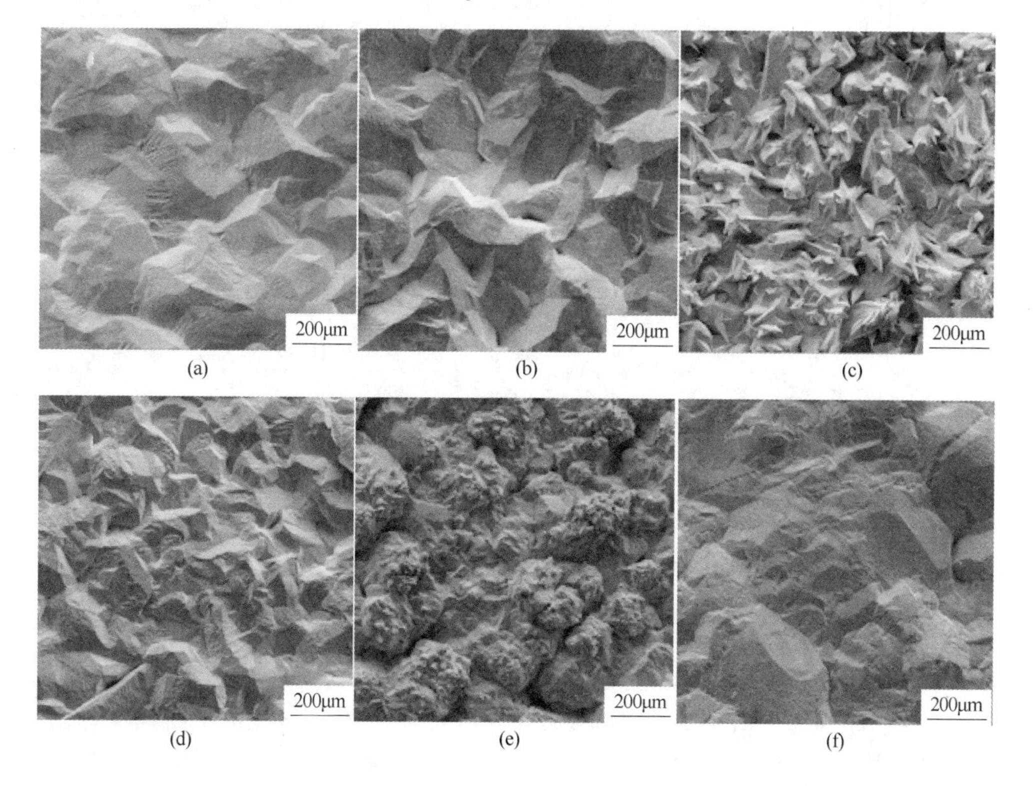

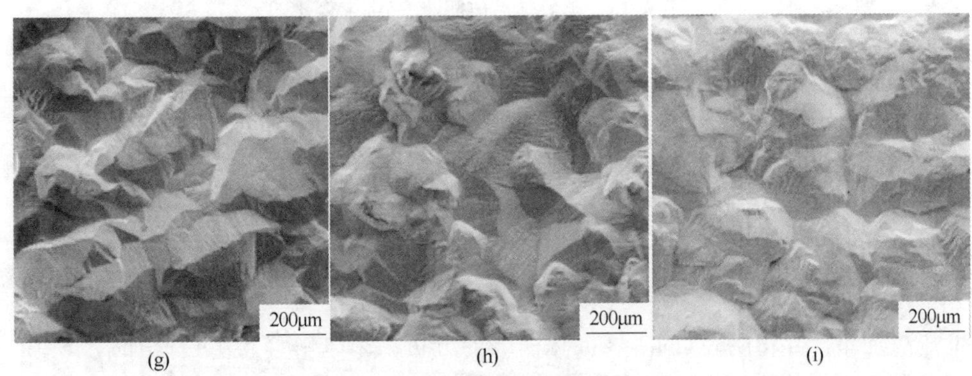

图 3.14 组合添加剂对阴极锡形貌的影响

（a）$c_{SS}=4g/L$，$c_{SL}=1g/L$；（b）$c_{SS}=4g/L$，$c_{SL}=1.5g/L$；（c）$c_{SS}=4g/L$，$c_{SL}=2g/L$；
（d）$c_{SS}=5g/L$，$c_{SL}=1g/L$；（e）$c_{SS}=5g/L$，$c_{SL}=1.5g/L$；（f）$c_{SS}=5g/L$，$c_{SL}=2g/L$；
（g）$c_{SS}=6g/L$，$c_{SL}=1g/L$；（h）$c_{SS}=6g/L$，$c_{SL}=1.5g/L$；（i）$c_{SS}=6g/L$，$c_{SL}=2g/L$

由图 3.14 可知，添加剂的混合使用均能得到致密的阴极形貌；可以看出不论 SS 浓度如何，随着 SL 加入量的增加，阴极结晶颗粒均愈细小，其中当 SS 浓度为 4g/L 时，SL 加入量增加到 2g/L 时，得到的结晶颗粒最细小；当 SS 浓度为 5g/L 时，其结晶的颗粒均细小，只是当 SL 加入量增加到 2g/L 时，其阴极形貌更致密一些。当 SS 浓度为 6g/L 时，其形貌基本无变化。

3.5.4 电流效率

锡电解过程中不同浓度组合的 SS 与 SL 对电流效率的影响见表 3.11。

表 3.11 混合添加剂 SS 与 SL 对电流效率的影响

SS 浓度/g · L^{-1}	不同 SL 浓度下的电流效率/%		
	1.0g/L	1.5g/L	2.0g/L
4	98.97	99.31	99.47
5	99.25	99.15	98.8
6	98.9	99	98.48

由表 3.11 可知，当 SL 浓度为 1g/L 时，随着 SS 浓度增加，电流效率基本不变；当 SL 浓度为 1.5g/L、2g/L 时，随着 SS 浓度的增加，其电流效率均减小。当 SS 浓度较小（4g/L）时，随着 SL 浓度增加，电流效率增加，但当 SS 浓度增大后，随着 SL 浓度增加，电流效率均有所减低。这可能是因为随着 SS 浓度的增加，其与 Sn(Ⅱ) 的络合得到了加强，使得 Sn(Ⅱ) 在阴极上的沉积速度降低，导致电流效率减小。综合考虑电流效率以及阴极形貌，选取的最优组合添加剂浓度为 4g/L SS 与 2g/L SL。

3.6 酒石酸和木质素磺酸钠组合添加锡电解精炼工艺参数的优化

前文通过研究单组元添加剂和复合添加剂对锡电解精炼的影响，发现 4g/L 酒石酸（SS）与 2g/L 木质素磺酸钠（SL）的组合添加剂对稳定电流效率和改善阴极形貌最有效。本节在最优组合添加剂的基础上，通过电解工艺参数进行了优化试验，探讨了电流密度、初始锡离子浓度、初始 H_2SO_4 浓度和电解液温度等条件对锡电解精炼的影响，获得了该复合添加剂工业化应用的最佳工艺参数。

模拟工业生产条件进行电解液的配制，恒流电解 24h。电解 24h 之后，将阴极清洗干净，并将阴极烘干至恒重，计算电流效率。用扫描电子显微镜观察阴极形貌。

3.6.1 电流密度

电解液中初始锡离子浓度为 22.11g/L、初始 H_2SO_4 浓度为 90g/L、SS 浓度为 4g/L、SL 浓度为 2g/L，设定电解条件为温度 35℃、极距 5cm。控制电流密度分别为 $60A/m^2$、$80A/m^2$、$100A/m^2$、$120A/m^2$、$140A/m^2$，恒流电解 24h。

3.6.1.1 电流效率

在设定的电解条件下，电流密度对电流效率的影响如图 3.15 所示。

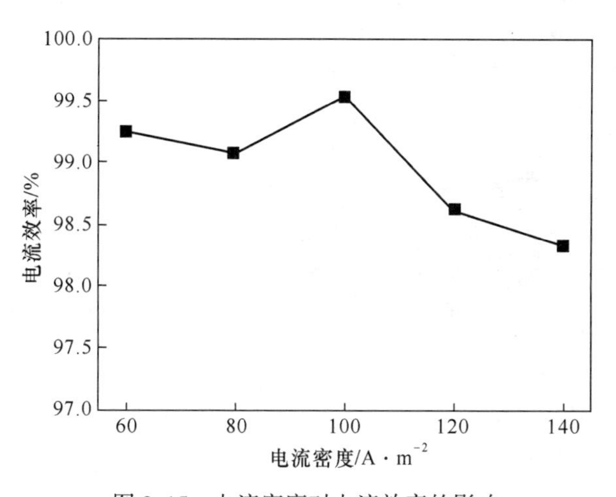

图 3.15 电流密度对电流效率的影响

从图 3.15 可知，随着电流密度的增加，电流效率呈现出先增大后降低的趋势，在 $100A/m^2$ 时达到最优值，为 99.47%。

3.6.1.2 阴极形貌

在设定的电解条件下，不同电流密度对阴极锡形貌的影响如图 3.16 所示。

从图 3.16 可知，在电流密度较低时，靠近阴极结晶的区域，由于 Sn(Ⅱ)

图 3.16 不同电流密度时阴极锡的表面形貌

(a) $60A/m^2$；(b) $80A/m^2$；(c) $100A/m^2$；(d) $120A/m^2$；(e) $140A/m^2$

能够及时补充由放电引起的浓度降，Sn(Ⅱ) 的贫化现象不明显，致使已生成的晶体可以无阻碍的生长，结果就得到结晶粗大的颗粒并伴有枝晶生成；随着电流密度的增大，靠近阴极结晶的区域会出现 Sn(Ⅱ) 的贫化现象，会导致晶体生长的暂停，从而在已结晶的颗粒周边长出新的晶核，如此则会得到结晶颗粒较细小的沉积锡。但当电流密度过高时，Sn(Ⅱ) 的贫化会急剧增大，从而导致析氢反应的发生，使得阴极形貌有孔洞产生，并且会使电流效率降低。综合考虑电流效率以及阴极形貌，选取电流密度为 $100A/m^2$。

3.6.2 初始锡离子浓度

电解液中 H_2SO_4 浓度为 90g/L、SS 浓度为 4g/L、SL 浓度为 2g/L。设定电解条件为电流密度为 $100A/m^2$、温度 35℃、极距 5cm，控制初始锡离子浓度为 16.58g/L、19.35g/L、22.11g/L、24.88g/L、27.64g/L，恒流电解 24h。

3.6.2.1 电流效率

在设定电解条件下，初始锡离子浓度对电流效率的影响如图 3.17 所示。

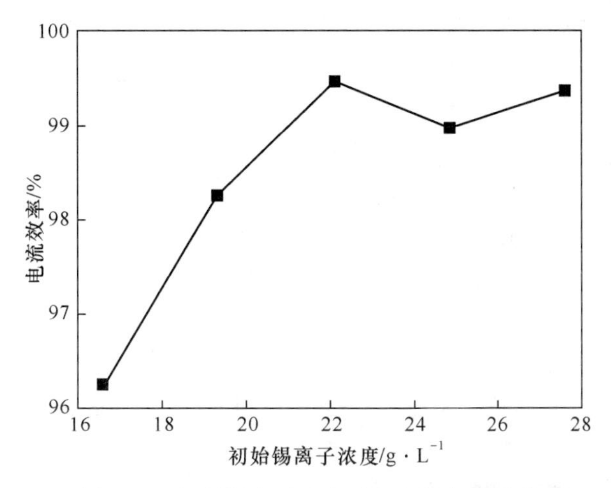

图 3.17 初始锡离子浓度对电流效率的影响

从图 3.17 中可以看出，随着初始锡离子浓度的增加，电流效率呈现出先增大后趋于平稳的趋势。当初始锡离子浓度为 22.11g/L 时，电流效率最优为 99.47%。

3.6.2.2 阴极形貌

在设定电解条件下，初始锡离子浓度对阴极锡形貌的影响如图 3.18 所示。

图 3.18 不同初始锡离子浓度时阴极锡的表面形貌

(a) 16.58g/L; (b) 19.35g/L; (c) 22.11g/L; (d) 24.88g/L; (e) 27.64g/L

从图 3. 18 可以看出，当初始 Sn(Ⅱ) 浓度过低时，由于 Sn(Ⅱ) 不能够及时补充由放电引起的浓度降，从而使 Sn(Ⅱ) 的贫化现象非常显著，使得结晶颗粒之间存在一定的间隙；随着初始 Sn(Ⅱ) 浓度逐渐增加，Sn(Ⅱ) 的贫化现象逐渐减弱，则容易获得结晶致密的阴极形貌；当 Sn(Ⅱ) 浓度过高时，则会使得贫化现象不明显，如此则会得到结晶颗粒粗大的阴极。

综合考虑电流效率以及阴极形貌，选取初始锡离子浓度为 22. 11g/L。

3. 6. 3 初始 H_2SO_4 浓度

电解液中的初始锡离子浓度为 22. 11g/L、SS 浓度为 4g/L、SL 浓度为 2g/L。设定电解条件为电流密度 100A/m^2、温度 35℃、极距 5cm，控制 H_2SO_4 浓度为 70g/L、80g/L、90g/L、100g/L、120g/L，恒流电解 24h。考察初始 H_2SO_4 浓度对电流效率以及阴极形貌的影响。

3. 6. 3. 1 电流效率

在设定电解条件下，初始 H_2SO_4 浓度对电流效率的影响如图 3. 19 所示。

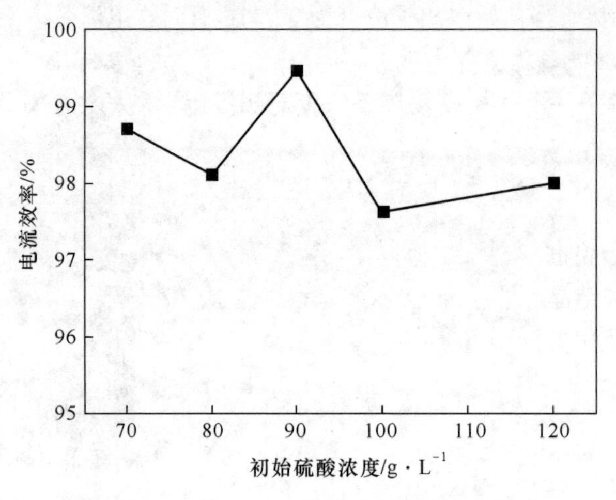

图 3. 19 初始 H_2SO_4 浓度对电流效率的影响

从图 3. 19 中可以看出，随着初始 H_2SO_4 浓度的增加，电流效率呈现出先增大后减小的趋势。当初始 H_2SO_4 浓度为 90g/L 时，电流效率达到最优为 99. 47%。H_2SO_4 浓度过高时，导致析氢反应进行的可能性增大，致使电流效率有所降低。

3. 6. 3. 2 阴极形貌

在设定电解条件下，初始 H_2SO_4 浓度对阴极锡形貌的影响如图 3. 20 所示。

从图 3. 20 可知，随着 H_2SO_4 浓度的增加，使得溶液的导电性得到改善，Sn(Ⅱ) 的迁移速度得到加强，使得贫化现象越来越显著，则阴极的结晶颗粒越

图 3.20 不同初始 H_2SO_4 浓度时阴极锡的表面形貌

(a) 70g/L；(b) 80g/L；(c) 90g/L；(d) 100g/L；(e) 120g/L

来越细小，且形貌也越平整；但当 H_2SO_4 浓度过高时，阴极因为析氢反应进行的程度增加，导致结晶颗粒粗大，进而出现孔洞，使阴极致密性大为降低。综合考虑电流效率以及阴极形貌，选取初始 H_2SO_4 浓度为 90g/L。

3.6.4 温度

电解液中初始锡离子浓度为 22.11g/L、H_2SO_4 浓度为 90g/L、SS 浓度为 4g/L、SL 浓度为 2g/L。设定电解条件为电流密度 100A/m^2、极距 5cm，控制温度为 25℃、30℃、35℃、40℃、50℃，恒流电解 24h。考察不同温度对电流效率以及阴极形貌的影响。

3.6.4.1 电流效率

在设定电解条件下，不同温度对电流效率的影响如图 3.21 所示。

从图 3.21 中可以看出，随着温度的逐步升高，电流效率先增大而后趋于平稳。当初始温度为 35℃时，电流效率达到最优，为 99.47%。

3.6.4.2 阴极形貌

在设定电解条件下，不同温度对阴极锡形貌的影响如图 3.22 所示。从图 3.22 可知，在低温下，由于电解液中 Sn(Ⅱ) 的迁移速度过慢，导致阴极结晶致

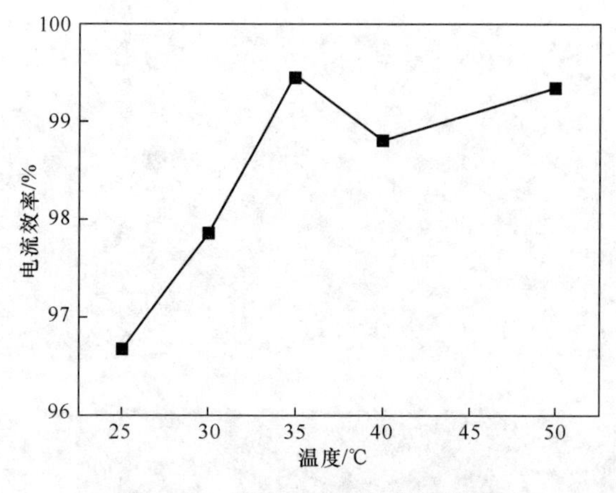

图 3.21 温度对电流效率的影响

密度较差，结晶颗粒之间有较多的孔洞；随着温度的升高，Sn(Ⅱ) 的迁移速度得到加强，使得阴极结晶附近锡的贫化现象显著，如此则容易得到结晶颗粒较细小且致密性好的阴极形貌；但当温度过高时，又会使得 Sn(Ⅱ) 的氧化速度加快，使得主盐浓度降低，同样会造成阴极结晶致密性的降低。综合考虑电流效率以及阴极形貌，选取电解温度为 35℃。

图 3.22 不同温度时阴极锡的表面形貌

(a) 25℃；(b) 30℃；(c) 35℃；(d) 40℃；(e) 50℃

3.7 中试实验

由于工业生产中的电解液经过长时间的循环累积了较多的杂质，使得其比实验室配制的电解液更为复杂，所以有必要进行新型添加剂在实际电解液中的适应性实验。本节即是通过添加新型添加剂到实际电解液中，考察新型添加剂对电解液稳定性、电流效率、阴极形貌及成分的影响，评估其工业化应用的可行性。

3.7.1 稳定性实验

实验方案如下：配制4组溶液进行电解实验。以公司生产的电解液作为第一组溶液（BE）；在BE中加入5g/L的酒石酸（SS）作为第二组溶液（BE-SS）；在BE中加入1.5g/L的木质素磺酸钠（SL）作为第三组溶液（BE-SL）；在BE中加入4g/L的SS和2g/L的SL作为第四组溶液（BE-SS-SL）。

电解槽的安装如图3.23所示，电解前先往4个烧杯中各倒入900mL电解液，做好标记。然后将电解槽放入水浴锅中，由于水浴锅深度的限制，水浴锅的液面只能到烧杯的中部，恒温效果较差，在电解过程中，电解液实测温度为30℃左右，对实验会有一定的干扰。

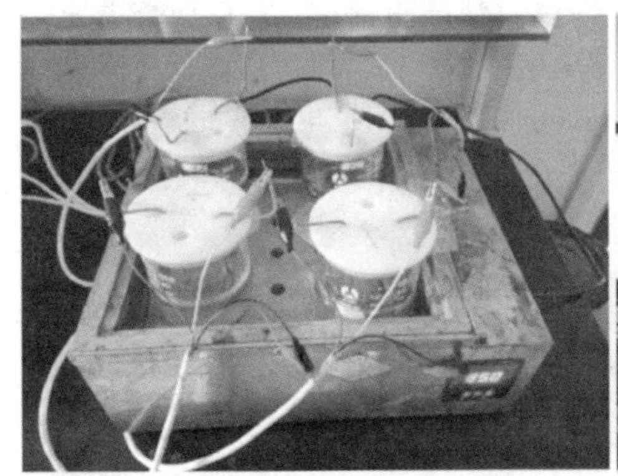

图3.23 稳定性实验用电解槽

其余电解条件和在实验室中保持一致，如阳极板为35mm×35mm×6mm，阴极为20mm×20mm，保持极距均为5cm，电流密度100A/m^2。正负极连接阴阳极即可进行试验。连续电解4个周期，每个周期3天，每周期更换一次阴极。电解两个周期后，向各溶液中均补加了50mL 90g/L的H_2SO_4溶液。

分析检测：每隔24h取电解液30mL送分析中心检测Sn(Ⅱ)、总锡(Sn(T))浓度和酸度，比较不同添加剂稳定电解液的效果。溶液中Sn(Ⅱ)浓度、Sn(Ⅱ)在总锡中的占比和酸度见表3.12和表3.13。

表 3.12 电解前后溶液中 Sn(Ⅱ) 浓度及 $c_{Sn(Ⅱ)}/c_{Sn(T)}$ 变化

电解时间/h	$c_{Sn(Ⅱ)}$/g · L^{-1}				$c_{Sn(Ⅱ)}/c_{Sn(T)}$/%			
	BE	BE-SS	BE-SL	BE-SS-SL	BE	BE-SS	BE-SL	BE-SS-SL
24	17.25	17.09	17.01	17.09	98.18	94.68	97.26	98.16
48	17.41	17.49	17.81	17.01	96.03	94.39	95.29	92.60
72	16.70	18.09	17.88	17.54	94.72	97.94	97.65	96.06
96	17.33	17.81	18.05	17.41	97.74	94.89	95.76	95.61
120	17.57	17.81	18.21	17.81	95.65	95.29	95.79	95.29
144	17.57	17.81	17.97	17.73	95.65	94.58	93.35	94.06
168	16.61	16.29	17.89	15.73	91.21	92.71	96.96	91.19
192	17.41	16.45	17.65	15.34	96.45	94.49	97.78	93.25
216	16.45	14.86	15.82	15.34	92.78	87.77	93.89	89.76
240	14.78	15.82	13.82	14.86	92.96	93.44	94.01	91.67
264	17.17	16.45	18.37	15.34	94.29	93.63	97.87	91.04
288	16.45	17.89	15.82	15.90	97.16	93.32	93.44	91.75

由表 3.12 可知，在前两个周期内（24~144h），4 种电解液的 Sn(Ⅱ) 含量变化均不大，但 Sn(Ⅱ) 的占比以 BE-SS 电解液最为稳定；在后两个周期内（168~288h），由于补加了溶液使得电解液中 Sn(Ⅱ) 的含量有所降低，但 BE-SS 电解液中 Sn(Ⅱ) 含量最高且占比稳定；同时 BE-SS-SL 电解液的 Sn(Ⅱ) 含量基本维持在 15.5g/L 左右，且百分含量维持在 91%左右。所以 SS 对 Sn(Ⅱ) 有一定的稳定作用。

表 3.13 电解前后电解液 H^+浓度变化

电解时间/h	$c_{H_2SO_4}$/g · L^{-1}			
	BE	BE-SS	BE-SL	BE-SS-SL
24	87.23	90.52	91.45	89.34
48	88.55	93.39	91.46	91.46
72	89.76	95.33	92.42	92.42
96	90.49	95.09	92.18	91.94
120	89.76	91.46	91.46	90.74
144	87.59	91.94	90.97	90.49
168	101.62	105.42	105.01	106.46
192	104.52	106.65	106.94	111.3
216	106.94	108.39	107.91	110.33

续表 3.13

电解时间/h	$c_{H_2SO_4}$/g · L^{-1}			
	BE	BE-SS	BE-SL	BE-SS-SL
240	105.01	109.85	107.18	110.33
264	106.22	109.12	108.39	109.36
288	107.67	111.81	109.12	110.81

由表3.13可知，在前两个周期内，4种电解液的酸度变化都不明显，较为稳定；在后两个周期内，由于补加了稀酸溶液，使得酸度整体都有提高；不过可以看出，BE-SL和BE-SS-SL两种电解液的酸度变化是最小的，约为4g/L。所以SL对酸度有一定的稳定作用。

综上所述，在电解液稳定性方面，SS与SL的组合使用能够取代甲酚磺酸（CSA）。不过锡的电解精炼是为了得到精锡，应控制精锡中杂质的含量在规定含量以下。所以还需要模拟真实的工业生产进行电解液循环的实验，在循环实验中通过比较有无添加剂时得到的阴极成分，来评估所选添加剂的性能如何。

3.7.2 循环实验

因为公司要考虑实际操作的方便性以及添加剂的成本，所以先期先不考虑添加剂的组合使用，只是单独使用SS和SL，分别考察两者对电解过程的影响，以此决定接下来是否需要组合使用。

为模拟真实的工业生产，需要电解液形成一个循环的回路。本节实验即是模拟真实的电解过程，通过对比研究工业电解液（BE）、BE+5g/L酒石酸（BE-SS）、BE+1.5g/L木质素磺酸钠（BE-SL）3种电解液在锡电解精炼过程中电解液的稳定性（Sn(Ⅱ)浓度、Sn(Ⅱ)在总锡中的占比和酸度）、电流效率和阴极锡性质（形貌、成分）。分别评估SS和SL两种添加剂对锡电解精炼过程中的影响。

粗锡阳极板的浇铸与锡始极片的裁制：采用铣床加工制备石墨模具，阳极板尺寸为10cm×10cm，极耳与极板主体一起浇铸，板厚6mm，极耳宽10mm。由于石墨模具散热能力较差，阳极浇铸过程锡凝固缓慢，加工效率低。此外，模具加工过程中，极板主体与极耳相连处呈直角，锡熔体流动性较差，极耳两段易产生缺陷，经转角打磨成圆弧后，流动性有所改善。

锡始极片是根据阳极板的尺寸裁制的，采用公司的大块锡始极片为原材料，用裁纸刀采取相应的尺寸，结合电解槽的尺寸，满足阴极和阳极浸入电解液的面积相近，均为100cm^2。此外，裁剪过程中，极耳处注意不能过渡裁剪，否则极耳强度不够，随着锡的沉积可能导致极耳断裂，如图3.24所示。

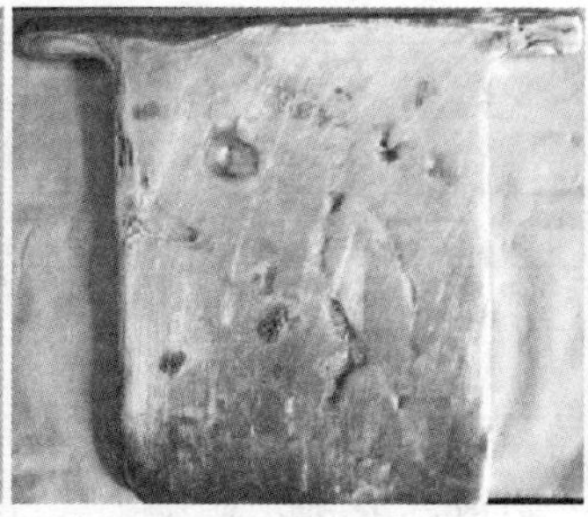

图 3.24 阴阳极的制备

电解槽如图 3.25 所示，电解液采用下进上出形式。装槽前，槽内先注满电解液，约为 3L。再将电解槽放入水浴锅中恒温加热，由于此次试验水浴锅深度较小，水浴液面仅能到槽体中间位置，所以恒温效果较差，在电解过程中，电解液实测温度约为 30℃，对实验有一定干扰。

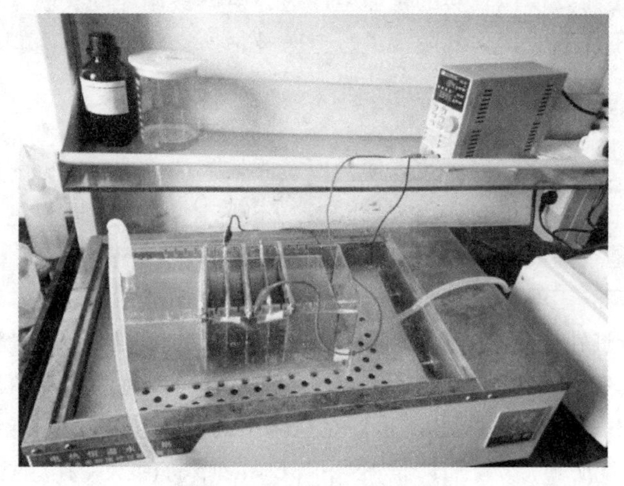

图 3.25 循环实验用电解槽

此次电解实验采用两片阴极、三片阳极，主要考察阴极过程，始极片电解前进行称重。两端的阳极应注意将未与阴极相对的一面用树脂封装，使其工作电流密度与实验中相当。阳极之间采用锡丝（焊锡）连接在一起，阴极用另一根锡丝连接在一起，特别注意锡丝与极板间的电接触，一旦出现电接触不良，将导致某极片电流密度急剧增大，出现锡枝晶的快速生长，不利于电解作业的进行。直流电源恒流输出 4A（电流密度为 $100A/m^2$），正极接中间阳极处，负极接两个阴极中间的锡丝。

电解液循环使用蠕动泵驱动电解液流动，总液量为 14L。先期实验采用进液的速度为 12.5mL/min，根据实验现象，发现循环速度过慢，后期实验增加了进液速度，为 50L/min。为保证溢流槽的电解液能及时排出，防止冒槽现象发生，溢流槽的排液流速设为进液流速的 4 倍，即 200mL/min。电解过程中未向电解液中添加 Sn(Ⅱ)、明胶、2-萘酚等。

由于单组实验电解周期为 3 天，阳极可以做两组实验。为了尽可能保证实验条件的一致性，出槽时，将阴阳极阳极取出，刮除表面阳极泥后再用于下一组实验；将阴极清洗干净，并烘干至恒重，之后计算电流效率。

分析检测：

(1) 电解过程中，每 24h 取电解液 30mL 送分析中心检测 Sn(Ⅱ) 浓度、Sn(T) 浓度和酸度。注意取样位置尽可能每次一致，本次实验取液位置在溢流口附近。

(2) 电解前后，对始极片和阴极锡进行称重，利用差重法计算电流效率。

(3) 电解后，对阴极锡进行形貌分析和成分分析。

在锡电解精炼过程中，3 种电解液中 Sn(Ⅱ) 浓度、Sn(Ⅱ) 在总锡中的占比和酸度的含量变化以及相应的电流效率列于表 3.14 和表 3.15。

表 3.14 电解前后溶液中 Sn(Ⅱ) 浓度及 $c_{Sn(II)}/c_{Sn(T)}$ 变化

电解时间/h	$c_{Sn(II)}/g \cdot L^{-1}$			$c_{Sn(II)}/c_{Sn(T)}/\%$		
	BE	BE-SS	BE-SL	BE	BE-SS	BE-SL
24	17.73	17.25	17.65	96.94	97.40	96.40
48	17.25	17.57	17.17	98.18	97.34	92.66
72	16.85	17.25	16.45	98.90	97.50	97.16

由表 3.14 可知，SS 具有稳定 Sn(Ⅱ) 的作用。值得注意的是 BE 和 BE-SL 的 Sn(Ⅱ) 浓度在电解后均降低，但其百分比却是增加，且 BE 百分比的增加量大于 BE-SL，这说明溶液中 Sn(T) 浓度的降低很快，同时也说明 BE 电解液中生成沉淀的锡的量多于 BE-SL 电解液。

表 3.15 电解前后电解液 H^+ 浓度变化及电流效率

电解时间/h	$c_{H_2SO_4}/g \cdot L^{-1}$		
	BE	BE-SS	BE-SL
24	87.10	89.52	87.58
48	84.20	90.49	87.59
72	86.13	90.73	87.10
$\eta/\%$	99.63	99.84	99.27

由表 3.15 可知，BE-SL 电解液的 H_2SO_4 浓度变化最小，说明 SL 具有稳定酸度的作用。同时添加剂 SS 具有提升电流效率的作用。

3 组电解液电解得到的阴极宏观形貌如图 3.26 所示。

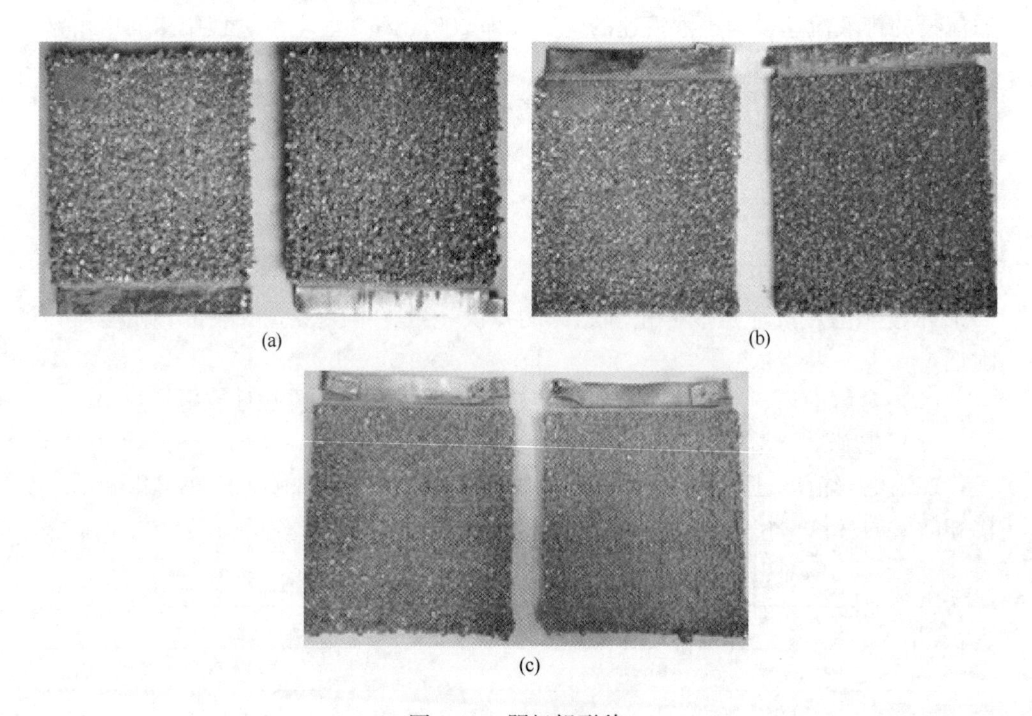

图 3.26 阴极锡形貌

(a) BE; (b) BE-SL; (c) BE-SS

由图 3.26 可知，BE 电解液电解得到的阴极形貌有较多的枝晶，且结晶颗粒粗大；BE-SL 电解液电解得到的阴极形貌较为平整，且结晶紧密，但光泽有些暗；而 BE-SS 电解液电解得到的阴极形貌平整，但不致密，有光泽。

3 组电解液所用阳极的成分及电解得到的阴极的成分见表 3.16。

表 3.16 阴阳极成分 (%)

成分		Sn	Pb	Sb	Cu	Fe	Ni
阳极		96.1600	0.8400	1.5500	0.2200	0.1000	0.7300
阴极	BE	99.9702	0.0098	0.0131	0.0014	0.0018	0.0002
	BE-SL	99.9531	0.0151	0.0276	0.0024	0.0031	0.0003
	BE-SS	99.9589	0.0114	0.0266	0.0012	0.0034	0.0003

公司生产的精锡为 Sn 99.95%。对于含锡 99.95%的锡锭，国标中规定的主要杂质含量见表 3.17。

表 3.17 锡锭的国标成分 (%)

级别	Sn	杂质				
		Pb	Sb	Cu	Fe	Ni
A	≥99.95	≤0.020	≤0.014	≤0.004	≤0.004	≤0.005
AA		≤0.010	≤0.014	≤0.004	≤0.004	≤0.005

从表 3.16 和表 3.17 可知，新型添加剂的使用可以得到所需纯度的锡，但两个添加剂均存在 Pb、Sb 超标的情况，估计是因为阳极中的 Pb 溶解进入阳极泥，进而形成 $PbSO_4$ 沉淀覆盖在阳极表面，使得阳极发生钝化，放出氧气；同时导致阴极析氢反应发生，使电位与 Sn 接近的金属如 Pb、Sb 等在阴极沉积，从而使阴极含 Pb、Sb 超标。后期实验应添加 NaCl 和 $K_2Cr_2O_7$ 抑制 $PbSO_4$ 的生成。

3.8 本章小结

针对甲酚磺酸的缺点，本章进行了新型添加剂的筛选，并探讨了在实际电解液中所选添加剂对电解稳定性、阴极形貌及成分的影响，得到的主要结论如下：

(1) 本章首先研究了甲酚磺酸的作用机理。通过阴极极化曲线可知，甲酚磺酸在一定程度上有抑制析氢的作用，同时可延缓 Sn(Ⅱ) 的沉积，从而得到细小的结晶颗粒；甲酚磺酸还可通过附着在阴极结晶颗粒表面，使得结晶更为均匀，从而有利于得到平整致密的阴极形貌；同时甲酚磺酸对电解液稳定性有一定作用。但其电流效率较低。

(2) 酚羟基有稳定电解液的作用；而磺酸基具有使结晶颗粒细小的作用。

(3) 酒石酸在稳定电解液方面的作用与甲酚磺酸相似，且对电流效率有显著的提升作用；在延缓 Sn(Ⅱ) 沉积方面不如甲酚磺酸。

(4) 酒石酸和木质素磺酸钠组合使用的最优浓度是 4g/L 和 2g/L。组合添加剂可以得到结晶致密的颗粒堆积物，且在稳定电解液及电流效率方面有一定的作用。

(5) 在最优组合添加剂的基础上，优化了锡电解精炼的工艺条件，得到了较优工艺条件：电流密度 $100A/m^2$、初始锡离子浓度 22.11g/L、初始 H_2SO_4 浓度 90g/L、温度 35℃、极距 5cm。

(6) 在实验室条件下，酒石酸和木质素磺酸钠的组合使用在阴极形貌、稳定电解液及改善电流效率等方面可以达到取代甲酚磺酸的目标。

(7) 当新型添加剂用于实际电解液时，对电解液的稳定性和电流效率而言，新型添加剂较甲酚磺酸具有更优的效果；但新型添加剂对阴极成分的影响较为恶劣；后续实验需要完善电解工艺参数，使阴极锡的杂质含量在允许范围以下。

4 基于构效关系开发新型绿色锡电解精炼添加剂

我国锡矿资源丰富，占世界查明储量的32%。随着锡矿物的大规模开采利用，我国锡矿资源优势逐渐减小。在此背景下，含锡二次资源回收与高效利用是缓解我国锡资源供应压力的关键。典型含锡二次资源包括含锡合金（青铜、镀锡铁）、废弃电路板、含锡烟灰。这些含锡二次物料经火法熔炼，锡及其氧化物由于挥发性大往往富集于烟尘。富锡烟尘进一步还原熔炼-蒸馏分离可产出粗锡。粗锡需经过火法精炼、电解精炼产出高品质锡。在硫酸体系锡电解精炼过程中主要存在两个难题，即Sn(Ⅱ）离子的水解和阴极锡的枝晶生长。为克服该难题，工业实践中需要向电解液中添加10~20g/L甲酚磺酸或苯酚磺酸。然而，酚磺酸气味大，对人体有毒有害，使锡电解车间劳工环境恶劣。随着环境法规日益严苛和“以人为本”生产理念推广，寻求绿色无毒添加剂代替苯酚磺酸势在必行。本章在解析传统添加剂在锡电解精炼过程中的构效关系的基础上，设计目标添加剂的特征结构，进而指导从大宗有机化工品中筛选绿色添加剂。相较于传统“试错式”开发模式具有更高的效率。

本章主要研究内容如下：（1）通过对比研究甲基磺酸与乙基磺酸、苯酚磺酸与甲苯磺酸、苯酚磺酸与没食子酸对锡电解精炼过程中Sn(Ⅱ）稳定性、Sn(Ⅱ）阴极沉积行为、阴极锡形貌和电流效率的影响，揭示传统添加剂主要官能团（碳链长度、酚羟基、磺酸基）对Sn(Ⅱ）离子稳定性与Sn(Ⅱ）阴极沉积行为的影响机制，解析添加剂在锡电解精炼过程中的构效关系，获得目标添加剂的结构特征。（2）基于目标添加的结构特征，从大宗有机产品中挑选出具有还原性、磺酸基且绿色安全的牛磺酸作为锡电解精炼电解液添加剂。研究牛磺酸对电解液Sn(Ⅱ）稳定性、Sn(Ⅱ）阴极沉积行为、阴极锡形貌、电流效率、阴极电位的影响，评估牛磺酸在锡电解精炼过程的应用可行性。

4.1 甲基磺酸和苯酚磺酸在锡电解精炼过程中的构效关系

传统锡电解精炼添加剂的研发一般采取“试错”模式，即依靠经验挑选某种添加剂，然后通过实验评估其作用效果。这种研发模式忽视了添加剂的官能团与其作用效果之间的关系，需要进行大量的筛选实验，工作量大，研发效率低。此外，由于缺乏官能团的功能导向结构设计，开发的添加剂往往在性能上“顾此失彼”，无法兼具稳定电解液 Sn(Ⅱ) 和抑制阴极锡枝晶生长的性能。因此，本章提出解析添加剂在锡电解精炼过程中官能团构效关系，设计锡电解精炼目标添加剂的特征结构，指导开发兼具稳定 Sn(Ⅱ) 和抑制枝晶生长性能的绿色添加剂，以代替传统有毒有害的苯酚磺酸。

4.1.1 甲基磺酸在锡电解精炼过程中的构效关系

甲基磺酸镀锡体系具有毒性低、镀液稳定的优点，可以获得光亮度高的锡镀层[4,5]。然而，甲基磺酸成本高，难以在锡电解精炼中大规模使用。因此，本节以甲基磺酸为研究对象，通过研究烷基碳链长度对烷基磺酸在锡电解精炼过程作用效果的影响，以期基于甲基磺酸开发低成本烷基磺酸添加剂。由于无法购买到商业化的丙基磺酸试剂，本小节仅对比研究甲基磺酸和乙基磺酸对 Sn(Ⅱ) 稳定性、Sn(Ⅱ) 阴极沉积行为、阴极锡形貌、电流效率的影响，分析碳链长度对 Sn(Ⅱ) 阴极沉积行为和阴极锡形貌的影响，解析甲基磺酸在锡电解精炼过程中的构效关系。

4.1.1.1 电解液 Sn(Ⅱ) 稳定性

锡电解精炼过程中，电解液中 Sn(Ⅱ) 易被溶解氧或阳极副产氧氧化，生成 Sn(Ⅳ) 并水解成锡胶。锡胶的生成一方面导致 Sn(Ⅱ) 贫化，阴极析氢副反应加剧；另一方面，锡胶可以吸附其他杂质离子，并在阴极沉积导致阴极锡纯度降低。因此，电解液稳定性是影响锡电解精炼工艺指标的关键因素。

图 4.1 所示为在添加有不同浓度甲基磺酸或乙基磺酸电解液体系模拟电解 48h 后电解液中的 Sn(Ⅱ) 浓度。由图 4.1 可知，在 BE 电解体系中，电解 48h 后电解液中的 Sn(Ⅱ) 浓度为 16.20g/L，相较原始浓度 22.11g/L 贫化了近 30%。Sn(Ⅱ) 浓度降低一部分可归因于 Sn(Ⅱ) 的阴极沉积，另一部分则是由 Sn(Ⅱ)

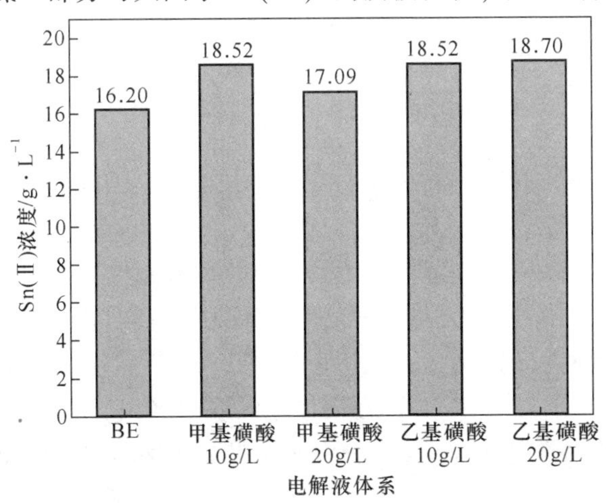

图 4.1 含不同添加剂电解液体系模拟电解 48h 后 Sn(Ⅱ) 的浓度

氧化水解成锡胶所致。在添加有 10g/L 和 20g/L 甲基磺酸体系，电解 48h 后 Sn(Ⅱ) 浓度分别达到 18.52g/L 和 17.09g/L，明显高于 BE 电解体系，说明甲基磺酸具有提高电解液稳定性的作用。然而，添加有高浓度甲基磺酸电解体系的 Sn(Ⅱ) 浓度反而低于添加有低浓度的甲基磺酸体系。

在添加有 10g/L 和 20g/L 乙基磺酸体系，模拟电解 48h 后 Sn(Ⅱ) 浓度分别达到 18.52g/L 和 18.70g/L，明显高于 BE 电解液体系。电解液中乙基磺酸浓度变化对 Sn(Ⅱ) 稳定性影响不大。相较添加有高浓度甲基磺酸电解液体系，乙基磺酸电解液体系具有更高的电解液稳定性。甲基磺酸和乙基磺酸都具有还原性和强酸性，其还原性可以消耗电解液溶解氧，抑制 Sn(Ⅱ) 氧化；此外，由于其酸性强，在电解液中电离出 H^+，提高电解液酸度，也可一定程度上提高 Sn(Ⅱ) 的稳定性。H^+ 浓度增大，也可能导致析氢副反应增大，有待用电流效率加以验证。

4.1.1.2 Sn(Ⅱ) 阴极沉积行为

采用线性扫描伏安法研究了不同电解液添加剂对 Sn(Ⅱ) 阴极沉积行为的影响，获得的阴极极化曲线如图 4.2 所示。

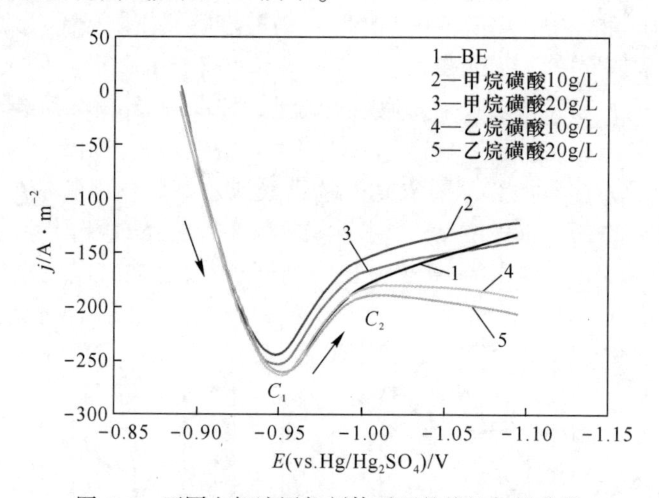

图 4.2 不同电解液添加剂体系下的线性扫描曲线

由图 4.2 所示，在 BE 电解体系中，当电位由开路电位（-0.89V）往负方向扫描时，电流密度立即开始变大，这表明电解液中的 Sn(Ⅱ) 开始在阴极上沉积析出，且沉积需要的极化较小，沉积动力学快。当扫描到-0.95V 附近时，出现了一个还原峰 C_1，对应于 Sn(Ⅱ) 在阴极上的还原沉积反应（Sn(Ⅱ)→Sn），此时的还原峰峰值电流密度为-263A/m^2，当电位继续往负方向扫描时，电流密度逐渐减小。

在 BE-乙基磺酸电解液体系中，在极化初始阶段，阴极极化曲线和 BE 电解体系的重合，在-0.95V 附近的 Sn(Ⅱ) 还原峰峰值电位和峰值电流密度均与 BE 体系的相同，说明乙基磺酸的添加不具有阻滞 Sn(Ⅱ) 沉积的作用。在电位低于 -1.00V 的电位区间，随着电位负移，电流密度逐渐增大。随着乙基磺酸浓度由 10g/L 增加到 20g/L，该电位区间电流密度更大。上述结果说明，乙基磺酸的加入，可以导致阴极析氢副反应加剧。

对比 BE-甲基磺酸和 BE-乙基磺酸体系的阴极极化曲线，可以发现，碳链增大，阻滞 Sn(Ⅱ) 沉积的效果消失，反而促进了 H^+ 的阴极还原。这可能是由于碳链长度的增大，导致碳链对磺酸基团电子云的吸引力增大，磺酸基对 Sn(Ⅱ) 配位能力减弱，H^+ 电离强度增大。

4.1.1.3 阴极锡表面形貌

图 4.3 所示为在含有不同添加剂电解液体系模拟电解 48h 后获得的阴极锡表面形貌图。在 BE 电解液体系（见图 4.3（a）），阴极锡晶粒呈不规则形状，颗粒尺寸较大，平均粒径约为 800μm。阴极锡晶粒之间的间隙较大，致密度低，且表面平整性低。

在含甲基磺酸电解液体系（见图 4.3（b）和（c）），阴极表面的锡晶粒明显细化，锡晶粒之间的间隙也变小了，阴极的平整度和致密度有了明显的改善。随着甲基磺酸浓度的增加，阴极锡平整度、致密度也有所提高。由此可知，甲基磺酸的加入可以显著提高阴极锡的致密度和平整度，改善阴极锡质量，减少短路的发生。这可以由阴极极化曲线解释，LSV 曲线分析表明，甲基磺酸可以阻滞 Sn(Ⅱ) 沉积，增加阴极极化，有利于细化阴极锡晶粒，进而提高阴极锡的致密度和平整度。

图 4.3 不同电解液体系下的阴极锡形貌对比

（a）BE；（b）BE-10g/L 甲基磺酸；（c）BE-20g/L 甲基磺酸；（d）BE-10g/L 乙基磺酸；（e）BE-20g/L 乙基磺酸

然而，同样作为烷基磺酸，在含乙基磺酸电解液体系获得的阴极锡（见图 4.3（d）和（e））却表现出完全不同的形貌特征。在含乙基磺酸电解液体系，阴极锡晶粒粗大，晶粒呈不规则块状，晶粒间隙大，阴极锡表面平整度、致密度甚至低于 BE 电解液体系。随着乙基磺酸浓度的增加，阴极锡的形貌没有明显的变化。因此，可以证明乙基磺酸的添加会降低阴极锡表面平整度和致密度。这与 LSV 曲线分析结果是一致的。LSV 曲线分析结果表明，乙基磺酸不具有阻滞 Sn(Ⅱ）阴极沉积的作用，反而促进析氢副反应。受氢气气泡的影响，阴极沉积物易呈疏松多孔结构，致密度、平整度降低。

4.1.1.4　电流效率

图 4.4 所示为在不同添加剂组成电解液体系 48h 模拟电解过程的电流效率。由图可见，BE 电解液体系电流效率约 85%。添加甲基磺酸后，电流效率降低至 80%左右。甲基磺酸添加量对电流密度影响甚微。添加乙基磺酸后，电流效率进一步降低至 75%以下，乙基磺酸添加量增加，电流效率小幅降低。由此可见，无论是甲基磺酸还是乙基磺酸，都会导致电流效率降低。这是由于甲基磺酸和乙基磺酸均为强酸，添加后，会电离增加 H^+浓度，从而促进析氢副反应，进而导致电流效率降低。相对于甲基磺酸，乙基磺酸酸性更强，析氢副反应更严重，因而电流效率最低。上述结果与 LSV 曲线结果分析一致。值得注意的是，前文已提到乙基磺酸添加可以使电解液中 Sn(Ⅱ) 浓度保持在较高水平，结合电流效率分析，可以推测，乙基磺酸添加使电流效率降低，减小 Sn(Ⅱ) 在阴极沉积，从而使电解液中 Sn(Ⅱ) 浓度保持在较高水平。因此，乙基磺酸并不具备提升 Sn(Ⅱ) 稳定性的能力。

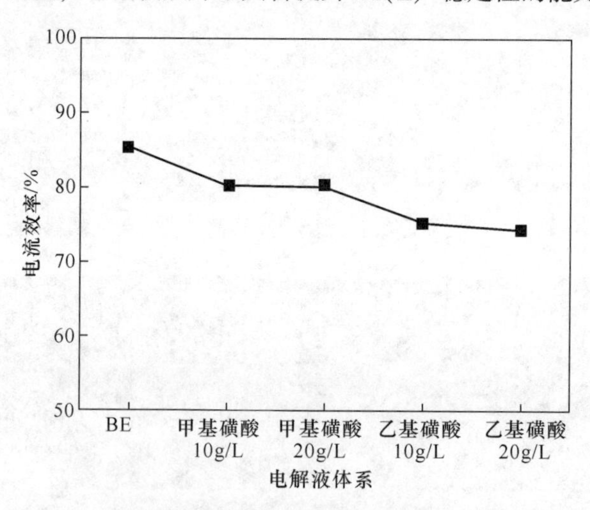

图 4.4　不同添加剂组成的电解液体系电解 48h 过程中的电流效率

对比分析了甲基磺酸和乙基磺酸对锡电解精炼过程 Sn(Ⅱ）稳定性、Sn(Ⅱ）阴极沉积行为、阴极锡表面形貌和电流效率的影响，可以发现，甲基磺酸具有提高 Sn(Ⅱ) 稳定性，抑制 Sn(Ⅱ) 阴极沉积，增大 Sn(Ⅱ) 阴极沉积极化，提高阴极致密度、平整度的作用。然而，甲基磺酸添加会降低电流效率。烷基磺酸碳链增长，对 Sn(Ⅱ) 沉积动力学无明显影响，但是促进阴极析氢副反应，导致阴极锡颗粒粗大，致密度、平整度降低，电流效率降低。因此，简单以甲基磺酸为基准，通过改变碳链长度，无法获得理想的添加剂。

4.1.2 苯酚磺酸在锡电解精炼过程中的构效关系

与锡电镀不同，传统锡电解精炼一般添加 10~20g/L 苯酚磺酸。因此，本节以苯酚磺酸为研究对象，研究酚羟基和磺酸基对酚磺酸类物质在锡电解精炼过程作用效果的影响，以期在苯酚磺酸的基础上通过结构优化，开发低成本酚磺酸类添加剂。通过研究苯酚磺酸与甲苯磺酸对 Sn(Ⅱ) 稳定性、Sn(Ⅱ) 阴极沉积行为、阴极锡形貌、电流效率的影响，分析酚羟基和磺酸基对 Sn(Ⅱ) 阴极沉积行为和阴极锡枝晶生长的影响，解析苯酚磺酸在锡电解精炼过程中的构效关系。

4.1.2.1 电解液 Sn(Ⅱ) 稳定性

图 4.5 所示为添加有不同浓度苯酚磺酸或甲苯磺酸电解液体系模拟电解 48h 后电解液中的 Sn(Ⅱ) 浓度。由图 4.5 可知，在 BE 电解体系中，电解 48h 后电解液中的 Sn(Ⅱ) 浓度为 16.03g/L，相较原始浓度 22.11g/L 贫化了近 30%。在添加有 10g/L 和 20g/L 的苯酚磺酸体系，电解 48h 后 Sn(Ⅱ) 浓度分别为 17.45g/L 和 16.38g/L，均高于 BE 电解液体系，说明苯酚磺酸具有提高电解液稳定性的作用。值得注意的是，提高苯酚磺酸浓度，长时间电解后电解液 Sn(Ⅱ) 浓度反而降低。

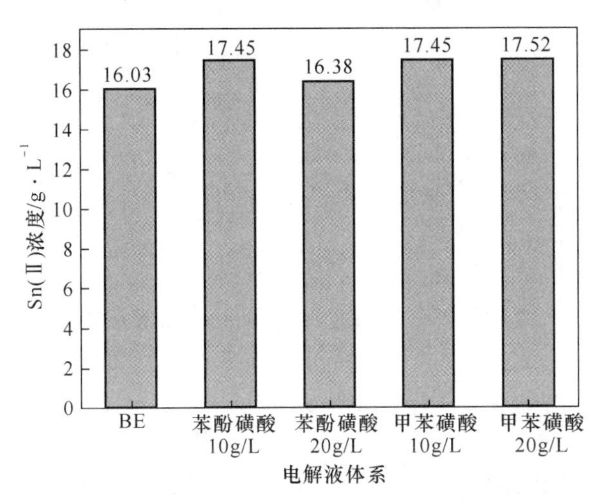

图 4.5 含不同添加剂电解液体系模拟电解 48h 后 Sn(Ⅱ) 的浓度

在添加有 10g/L 和 20g/L 的甲苯磺酸体系，模拟电解 48h 后 Sn(Ⅱ) 浓度分别为 17.45g/L 和 17.52g/L，明显高于 BE 电解液体系。电解液中甲苯磺酸浓度变化对电解后 Sn(Ⅱ) 浓度影响不大。相较添加苯酚磺酸电解液体系，甲苯磺酸电解液体系中 Sn(Ⅱ) 浓度更高。

由于电解液中 Sn(Ⅱ) 的损失很大一部分原因是溶解氧对 Sn(Ⅱ) 氧化，导致锡胶的生成，因此，检测电解液中的溶解氧可以研究添加剂提升 Sn(Ⅱ) 稳定性的路径。图 4.6 所示为 4 种不同溶液在静置 6 天过程中溶解氧饱和度的变化曲线。由图 4.6 可见，在质量浓度为 90g/L 的 H_2SO_4 溶液中，静置过程溶解氧饱和度波动小，稳定在 90% 左右。对于 BE 电解液，静置一天后，溶解氧浓度仅 10%，远比 H_2SO_4 溶液的小。随着静置时间延长，溶解氧浓度逐步上升，静置 6 天后，溶解氧饱和度接近 50%。对比 H_2SO_4 溶液和 BE 溶液可以发现，由于 Sn(Ⅱ) 的存在，电解液中溶解氧饱和度大大降低，这是由于 Sn(Ⅱ) 会与溶解氧反应，导致溶解氧的消耗和 Sn(Ⅱ) 的氧化水解。随着静置时间延长，$Sn(OH)_4$ 数量增大，Sn(Ⅱ) 浓度降低，溶解氧消耗速率降低，电解液中溶解氧饱和度逐步增大。

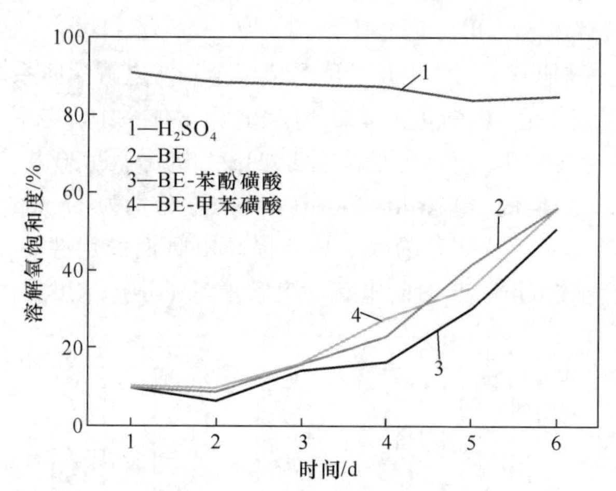

图 4.6 不同电解液体系中溶解氧浓度随时间的变化曲线

将苯酚磺酸或甲苯磺酸加入 BE 溶液中，静置 6 天过程中溶解氧饱和度的变化趋势与 BE 溶液一致。值得注意的是，甲苯磺酸加入后，溶液中溶解氧饱和度与 BE 溶液的非常接近，说明，甲苯磺酸的加入对溶液中溶解氧影响很小。苯酚磺酸的加入，尽管溶解氧饱和度变化趋势与 BE 一致，但整个静置过程中，溶解氧饱和度均低于 BE 溶液，表明苯酚磺酸可以降低溶解氧浓度。对比甲苯磺酸和苯酚磺酸添加对溶解氧浓度的影响，可以发现酚羟基具有还原性，可以消耗锡电解液中的溶解氧。

图 4.7 所示为 BE、BE-苯酚磺酸和 BE-甲苯磺酸静置 72h 后产出的锡胶质量。由图 4.7 可知，苯酚磺酸的加入使锡胶生成量显著降低。根据图 4.6 可知，

苯酚磺酸的酚羟基具有还原性，可以消耗溶解氧，进而抑制 Sn(Ⅱ) 的氧化水解，减少锡胶生成量。值得注意的是，尽管甲苯磺酸不具有还原性，对溶液中溶解氧浓度影响甚小，但是添加甲苯磺酸后，锡胶质量仅为 BE 溶液中的 40%。因此，甲苯磺酸同样可以抑制锡胶的生成量，但效果差于苯酚磺酸。从上述结果可以推测，苯酚磺酸结构中，酚羟基的还原性可以消耗溶解氧，进而抑制 Sn(Ⅱ) 氧化水解；除此之外，磺酸官能团也可能起到与 Sn(Ⅱ) 配位作用，减少游离 Sn(Ⅱ) 浓度，抑制 Sn(Ⅱ) 氧化水解。综上，苯酚磺酸可以同时通过还原机理和配位机理抑制 Sn(Ⅱ) 的氧化水解，提升电解液稳定性。

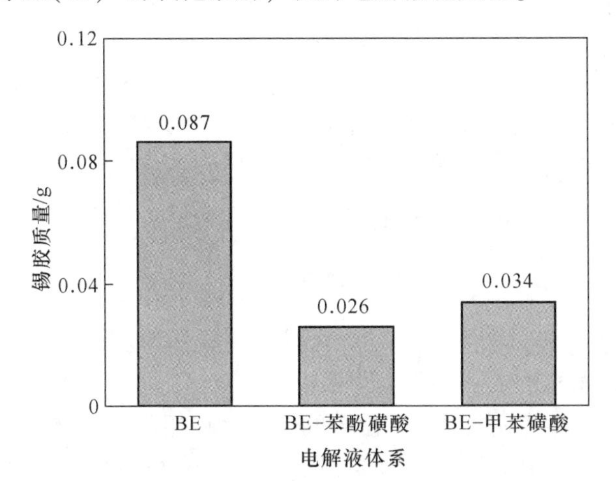

图 4.7　不同电解液体系静置 72h 后生成的锡胶的质量

4.1.2.2　Sn(Ⅱ) 阴极沉积行为

采用线性扫描伏安法对比研究了甲苯磺酸和苯酚磺酸对 Sn(Ⅱ) 阴极沉积行为的影响，获得的阴极极化曲线如图 4.8 所示。

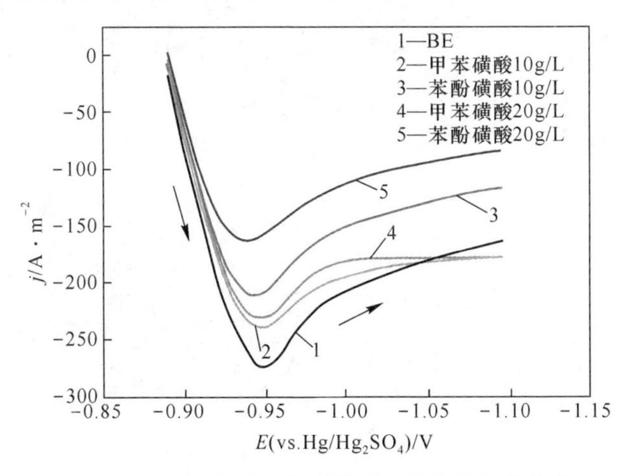

图 4.8　不同电解液添加剂体系下的线性扫描曲线

由图 4.8 所示，在 BE 电解体系中，当电位开始由开路电位（-0.89V）往负方向扫时，电流立即开始增大，当电位在-0.95V 附近时，出现一个还原峰，峰值电流密度为$-274A/m^2$。当电位继续往负方向扫时，电流密度逐渐减小。

在 BE-苯酚磺酸电解体系中，当电位由开路电位开始往负方向扫描，电流开始变大，但是相比于 BE 电解体系，电流增大速率明显变缓。在含 10g/L 和 20g/L 苯酚磺酸电解体系，Sn(Ⅱ) 还原峰峰值电位分别为-0.94V 和-0.936V，峰值电流密度分别为$-211A/m^2$ 和$-162.5A/m^2$。相较 BE 体系，苯酚磺酸加入 Sn(Ⅱ) 还原峰峰值电流显著减小。这一结果说明苯酚磺酸会阻滞 Sn(Ⅱ) 在阴极上沉积，增加 Sn(Ⅱ) 阴极沉积极化程度，随着苯酚磺酸浓度的增加，Sn(Ⅱ) 阴极沉积极化程度增大。

在 BE-甲苯磺酸电解体系中，甲苯磺酸的加入同样可以显著减小 Sn(Ⅱ) 沉积还原峰峰值电流，说明甲苯磺酸也具有阻滞 Sn(Ⅱ) 阴极沉积的能力，但是，甲苯磺酸对 Sn(Ⅱ) 沉积阻滞作用没有苯酚磺酸效果好。值得注意的是，在电位负于-1.00V 的电位区间，电流密度又开始增大，表明阴极上开始出现析氢副反应。

4.1.2.3 阴极锡表面形貌

图 4.9 所示为在含有不同添加剂电解液体系模拟电解 48h 后获得的阴极锡表面形貌图。BE 体系（见图 4.9（a））获得的阴极锡形貌前已述及，此处不再赘述。在含有苯酚磺酸电解液体系（见图 4.9（b）和（c））中，阴极表面的锡晶粒尺寸显著减小，锡晶粒之间几乎没有间隙。阴极锡平整度和致密度有了明显的改善。随着苯酚磺酸浓度的增加，阴极锡平整度和致密度进一步提高。由此可知，苯酚磺酸的加入可以显著改善阴极锡的致密度和平整度，改善阴极锡的质量。这与 LSV 曲线分析结果一致，即苯酚磺酸可以阻滞 Sn(Ⅱ) 沉积，增加阴极极化，有利于细化阴极锡晶粒，进而提高阴极锡的致密度和平整度。

图 4.9 不同电解液体系下的阴极锡形貌对比

(a)BE；(b)BE-10g/L 苯酚磺酸；(c)BE-20g/L 苯酚磺酸；(d)BE-10g/L 甲苯磺酸；(e)BE-20g/L 甲苯磺酸

图 4.9（d）和（e）所示为含甲苯磺酸的电解液体系获得的阴极锡表面形貌，在含有甲苯磺酸的电解液体系中，阴极锡晶粒呈较规则的形状，形貌特征与 BE 电解液体系相近。阴极锡表面的平整度和致密度明显低于苯酚磺酸电解液体系。随着甲苯磺酸浓度的增加，阴极锡的平整度和致密度稍有提高。因此，甲苯磺酸的添加可以小幅改善阴极锡表面的平整度和致密度，这与 LSV 曲线分析结果是一致的。然而，甲苯磺酸对阴极锡表面的整平作用明显差于苯酚磺酸。

4.1.2.4 电流效率

图 4.10 所示为在不同添加剂组成的电解液体系 48h 模拟电解过程的电流效率。由图可见，BE 电解液体系的电流效率约为 85%。添加苯酚磺酸后，电流效率降低至 83%左右。随着苯酚磺酸添加量的增加，电流效率进一步降低至 81%。在添加甲苯磺酸的电解液体系，电流效率大约为 85%，与 BE 电解液体系相当。甲苯磺酸添加量增加，电流效率基本保持不变。

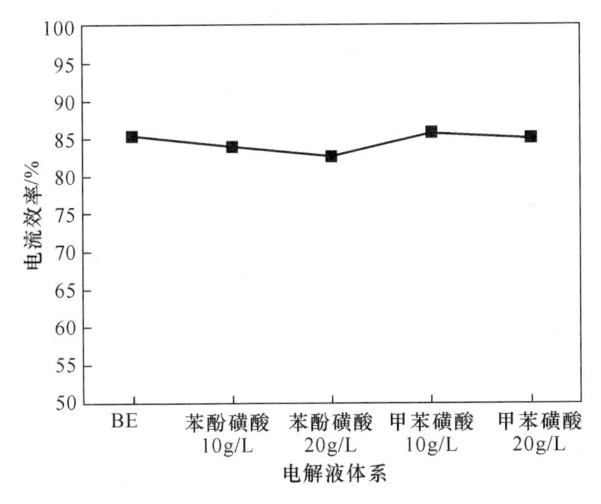

图 4.10 不同添加剂组成的电解液体系电解 48h 过程中的电流效率

对比分析苯酚磺酸和甲苯磺酸对锡电解精炼过程中 Sn(Ⅱ) 稳定性、Sn(Ⅱ) 阴极沉积行为、阴极锡表面形貌和电流效率的影响，可以发现，苯酚磺酸可以显著增加 Sn(Ⅱ) 阴极沉积极化，明显改善阴极锡平整度和致密度。甲苯磺酸同样具备整平阴极锡的作用，但效果不突出。苯酚磺酸的酚羟基在锡电解精炼过程中起到还原作用，可以消耗电解液里的溶解氧进而提高电解液稳定性，磺酸基团在电解过程的主要作用是络合电解液中的 Sn(Ⅱ)，提高电解液稳定性。

4.1.3 酚羟基在锡电解精炼过程中的作用机制验证

4.1.2 节对比研究了苯酚磺酸和甲苯磺酸对电解液溶解氧浓度、锡胶生成量、阴极锡形貌和电流效率的影响，结果表明酚羟基和磺酸基可分别通过还原机理和络合机理提升电解液稳定性。然而，苯酚磺酸对阴极锡的整平效果可能是酚羟基的作用，也可能是酚羟基与磺酸基的协同作用。为了验证酚羟基和磺酸基对Sn(Ⅱ）沉积行为、阴极锡形貌的影响机制，本小节拟对比研究苯酚磺酸和没食子酸对电解液Sn(Ⅱ）稳定性、Sn(Ⅱ）阴极沉积行为、阴极锡形貌和电流效率的影响。没食子酸（3，4，5-三羟基苯甲酸）是一种有机酸[6,7]，与苯酚磺酸相比，其具有3个酚羟基，而无磺酸基。通过对比苯酚磺酸和没食子酸对锡电解精炼过程的影响，有望验证酚羟基在锡电解精炼过程中的作用机制。

4.1.3.1 电解液Sn(Ⅱ）稳定性

图4.11所示为添加苯酚磺酸和没食子酸电解液体系模拟电解48h后电解液中的Sn(Ⅱ）浓度情况。由于没食子酸溶解度较低，本小节仅研究了含10g/L没食子酸电解液体系。由图4.11可知，在添加10g/L苯酚磺酸体系中，电解48h后Sn(Ⅱ）浓度达到了17.09g/L，显著高于BE电解液体系。在添加有10g/L的没食子体系，模拟电解48h后Sn(Ⅱ）浓度达到了18.87g/L，明显高于添加有苯酚磺酸的电解液体系。上述结果表明没食子酸电解液体系中的Sn(Ⅱ）稳定性比苯酚磺酸电解液体系的高。上文已述及，酚羟基具有还原作用，没食子酸具有3个酚羟基，还原效果比苯酚磺酸强，这可能是没食子酸体系Sn(Ⅱ）稳定性高于苯酚磺酸体系的原因。

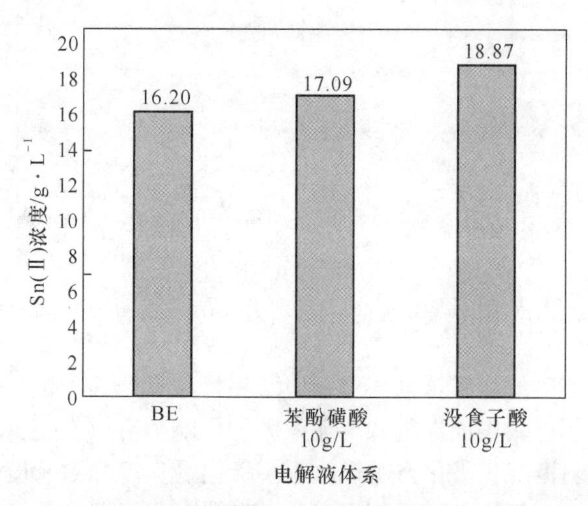

图4.11 含不同添加剂电解液体系模拟电解48h后Sn(Ⅱ）的浓度

4.1.3.2 Sn(Ⅱ）阴极沉积行为

采用线性扫描伏安法研究了不同电解液添加剂对Sn(Ⅱ）阴极沉积行为的影响，获得的阴极极化曲线如图4.12所示。由图4.12所示，在BE-没食子酸电解液体系中，在极化初始阶段，阴极极化曲线和BE电解体系重合。然而，在-0.95V附近的Sn(Ⅱ）还原峰峰值电流密度要远远大于BE电解液体系，说明没食子酸的添加会加快Sn(Ⅱ)在阴极上的沉积。对比BE-没食子酸和BE-苯酚磺酸体系的阴极极化曲线可以发现，具有3个酚羟基的没食子酸不会增加阴极极化。

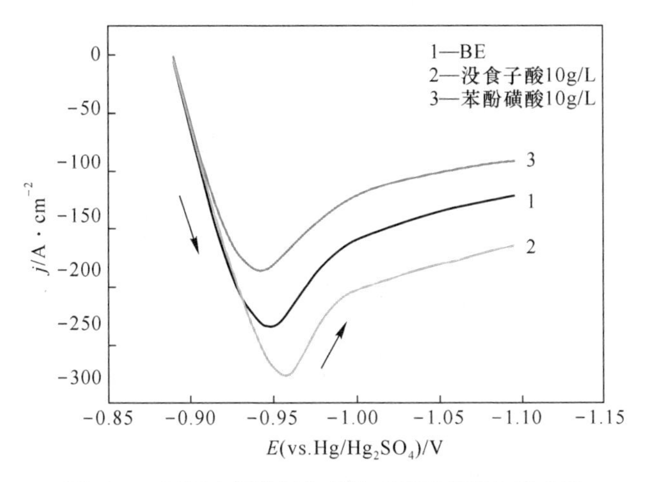

图4.12 不同电解液添加剂体系下的线性扫描曲线

4.1.3.3 阴极锡表面形貌

图4.13所示为含有不同添加剂的电解液体系模拟电解48h后获得的阴极锡表面形貌图。在含没食子酸的电解液体系（见图4.13（c））中，阴极锡晶粒呈明显块状，晶粒尺寸较BE体系小。然而，相较BE-苯酚磺酸体系，BE-没食子酸体系阴极锡表面平整度、致密度要低得多。由此可以说明，单独酚羟基具有一定整平能力，但效果明显差于兼具酚羟基和磺酸基的苯酚磺酸。苯酚磺酸具有优异的阻滞Sn(Ⅱ)沉积、提升阴极锡致密度平整度是酚羟基和磺酸基协同作用的结果。

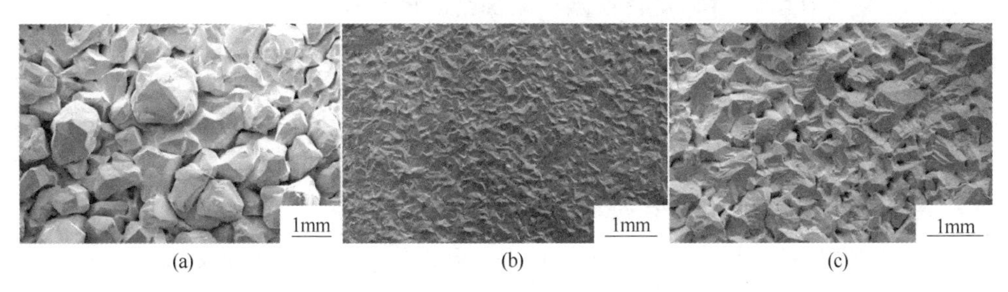

图4.13 不同电解液体系下的阴极形貌对比

（a）BE；（b）BE-10g/L苯酚磺酸；（c）BE-10g/L没食子酸

4.1.3.4 电流效率

图4.14所示为不同添加剂组成的电解液体系48h模拟电解过程的电流效率。由图可见，添加没食子酸后，电流效率由BE电解体系的85%升高至87%左右。

这是由于没食子酸具有3个酚羟基，还原性要比苯酚磺酸强，可以使电解液中的Sn(Ⅱ)保持在较高水平，进而提高电流效率。

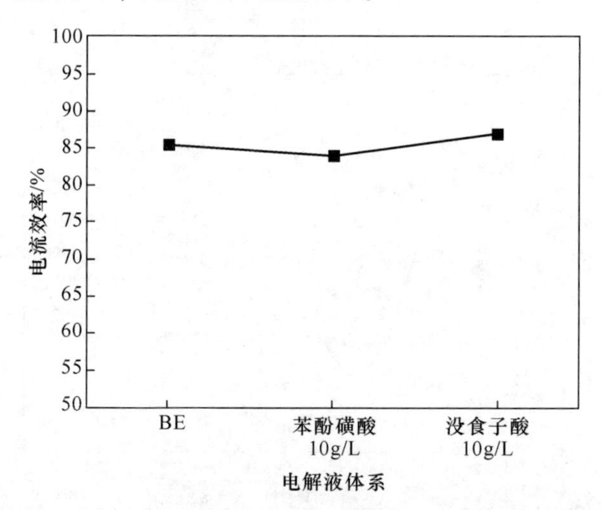

图4.14 不同添加剂组成的电解液体系电解48h过程中的电流效率

通过对比分析苯酚磺酸和没食子酸对锡电解精炼过程中Sn(Ⅱ)稳定性、Sn(Ⅱ)阴极沉积行为、阴极锡表面形貌和电流效率的影响可以发现，没食子酸还原性强，可以提高Sn(Ⅱ)稳定性，进而提高电流效率。尽管没食子酸促进Sn(Ⅱ)的快速沉积，然而，没食子酸仍有一定的整平阴极锡的能力，但效果远差于苯酚磺酸。因此，酚羟基单独存在时具有还原作用和一定的整平能力，苯酚磺酸优异的整平能力是酚羟基与磺酸基协同作用的结果。

本节小结如下：

(1) 以甲基磺酸为研究对象，研究烷基碳链长度对烷基磺酸在锡电解精炼过程作用效果的影响，以期在甲基磺酸的基础上通过结构优化，开发低成本烷基磺酸添加剂。对比分析甲基磺酸和乙基磺酸对锡电解精炼过程中Sn(Ⅱ)稳定性、Sn(Ⅱ)阴极沉积行为、阴极Sn(Ⅱ)表面形貌和电流效率的影响，结果表明，甲基磺酸具有提高Sn(Ⅱ)稳定性，抑制Sn(Ⅱ)阴极沉积，增大Sn(Ⅱ)阴极沉积极化，提高阴极致密度、平整度的作用。然而，甲基磺酸添加会降低电流效率。烷基磺酸碳链增长对Sn(Ⅱ)沉积阻滞作用消失，甚至促进阴极析氢副反应，导致阴极锡颗粒粗大，致密度、平整度降低，电流效率降低。因此，简单以甲基磺酸为基础，通过改变碳链长度，无法获得理想的添加剂。

(2) 以苯酚磺酸为研究对象，研究酚羟基和磺酸基对酚磺酸类物质在锡电解精炼过程作用效果的影响，以期在苯酚磺酸的基础上通过结构优化，开发低成本酚磺酸类添加剂。对比分析苯酚磺酸和甲苯磺酸对锡电解精炼过程中Sn(Ⅱ)稳定性、Sn(Ⅱ)阴极沉积行为、阴极Sn(Ⅱ)表面形貌和电流效率的影响，结果表明，苯酚磺酸的酚羟基在锡电解精炼过程中起到还原作用，可以消耗电解液里的溶解氧进而提高电解液稳定性，磺酸基团在电解过程主要作用是络合电解液中的Sn(Ⅱ)，提高电解液稳定性。苯酚磺酸可以显著增加Sn(Ⅱ)阴极沉积极化，明显改善阴极锡平整度和致密度。甲苯磺酸同样具备整平阴极锡的能力，但效果不突出。因此，酚羟基和磺酸基可能是通过协同作用显著改善阴极锡平整度和致密度的。

(3) 为了验证酚羟基和磺酸基对Sn(Ⅱ)沉积行为、阴极锡形貌的影响机制，对比分析苯酚磺酸和没食子酸对锡电解精炼过程中Sn(Ⅱ)稳定性、Sn(Ⅱ)阴极沉积行为、阴极Sn(Ⅱ)表面形貌和电流效率的影响，结果表明，没食子酸还原性强，可以提高Sn(Ⅱ)稳定性，进而提高电流效率。尽管没食子酸促进Sn(Ⅱ)的快速沉积，然而，没食子酸仍有一定的整平阴极锡的能力，但效果远差于苯酚磺酸。因此，酚羟基单独存在时具有还原作用和一定的整平能力，苯酚磺酸优异的整平能力是酚羟基和与磺酸基协同作用的结果。

4.2 牛磺酸对锡电解精炼过程的影响

4.1节研究了苯酚磺酸中的酚羟基和磺酸基在锡电解精炼过程中的作用机制，发现酚羟基和磺酸基可分别通过还原机理和络合机理提升电解稳定性。苯酚磺酸可以显著增加Sn(Ⅱ)阴极沉积极化，明显改善阴极锡平整度和致密度。甲苯磺酸同样具备整平阴极锡的能力，但效果不突出。苯酚磺酸优异的整平能力是酚羟基和与磺酸基协同作用的结果。

本章旨在寻找一种安全无毒、提升Sn(Ⅱ)稳定性、阻滞Sn(Ⅱ)沉积的绿色添加剂以替代苯酚磺酸。基于上述分析，同时兼具酚羟基和磺酸基可能是保证添加剂具有阻滞Sn(Ⅱ)沉积同时具有提升Sn(Ⅱ)稳定性的作用。然而，大部分酚类物质都具有毒性，不利于作业环境和员工健康。因此，具有还原性的磺酸类物质可能是锡电解精炼的理想添加剂。

牛磺酸又称为牛胆素、牛胆碱等，学名为β-氨基乙磺酸，具有还原性，是人体中的一种含硫氨基酸，安全无毒[8]。因此，本章筛选出牛磺酸为潜在苯酚磺酸替代物。本节拟对比研究牛磺酸和苯酚磺酸对电解液Sn(Ⅱ)稳定性、Sn(Ⅱ)阴极沉积行为、阴极锡表面形貌和电流效率的影响，评估牛磺酸替代苯酚磺酸的可能性。

4.2.1 电解液Sn(Ⅱ)稳定性

图4.15所示为添加有不同浓度牛磺酸和苯酚磺酸的电解液体系模拟电解48h后电解液中的Sn(Ⅱ)浓度。由图可知，在BE电解液体系中，电解48h后电解液中的Sn(Ⅱ)浓度为16.56g/L，相较原始浓度22.11g/L贫化了近30%。在添加有10g/L和20g/L的苯酚磺酸电解液体系，电解48h后Sn(Ⅱ)浓度分别达到

17.45g/L 和 17.81g/L，明显高于 BE 电解体系。在添加有 10g/L 和 20g/L 的牛磺酸电解液体系，模拟电解 48h 后 Sn(Ⅱ) 浓度分别达到 17.45g/L 和 18.87g/L，明显高于 BE 和苯酚磺酸电解液体系，随着牛磺酸浓度的增加，Sn(Ⅱ) 的稳定性进一步提高。相较于高浓度苯酚磺酸电解液体系，牛磺酸电解液体系具有更高的电解液稳定性。

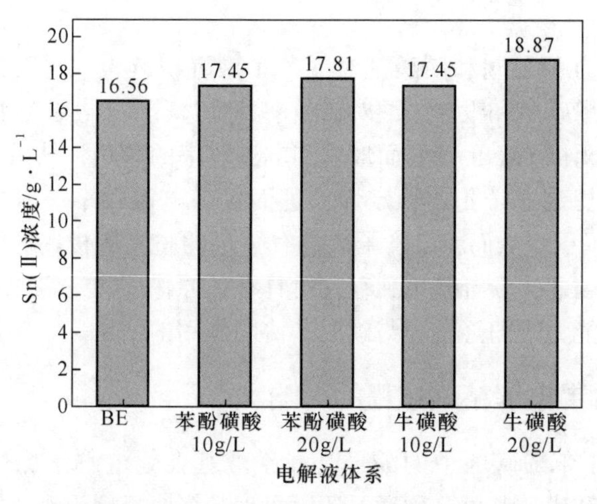

图 4.15 含不同添加剂的电解液体系模拟电解 48h 后 Sn(Ⅱ) 的浓度

图 4.16 对比了苯酚磺酸和牛磺酸添加对电解液锡胶生成量的影响。由图 4.16 可见，在相同添加量条件下，含牛磺酸电解液中的锡胶质量低于添加苯酚磺酸电解液体系，说明牛磺酸具有提升锡电解液稳定性的作用，且效果优于苯酚磺酸。此外，随着添加量增大，苯酚磺酸和牛磺酸可进一步提升电解液稳定性。牛磺酸提升电解液稳定性的性能可能是其还原性和配位能力的综合结果。

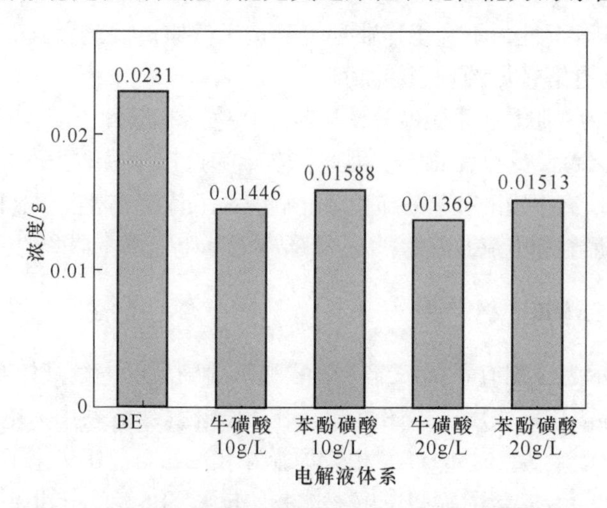

图 4.16 不同电解液体系静置 72h 后生成的锡胶的质量

4.2.2 Sn(Ⅱ)阴极沉积行为

采用线性扫描伏安法研究了不同电解液添加剂对 Sn(Ⅱ)阴极沉积行为的影响，获得的阴极极化曲线如图 4.17 所示。

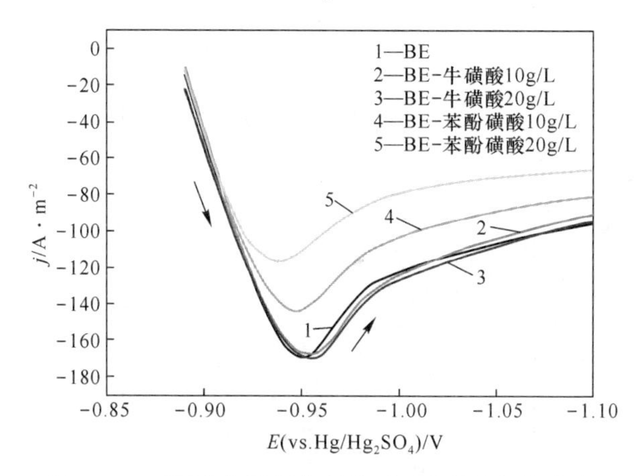

图 4.17 不同电解液添加剂体系下的线性扫描曲线

由图 4.17 所示，在 BE-牛磺酸电解液体系中，随着电位开始往负方向扫描时，在极化初始阶段，阴极极化曲线和 BE 电解液体系的重合，在-0.95V 附近的 Sn(Ⅱ)还原峰峰值电位和峰值电流密度均与 BE 电解液体系相同，说明牛磺酸的添加不具有阻滞 Sn(Ⅱ)沉积的作用。

4.2.3 阴极锡表面形貌

图 4.18 所示为添加牛磺酸电解液中的锡电解精炼获得的阴极锡形貌（不同放大倍率）电镜图。在 BE-牛磺酸电解液体系中，阴极锡晶粒呈现不规则形状，

图 4.18 添加牛磺酸的电解液中的锡电解精炼获得的阴极锡形貌
（a）2000 倍；（b）5000 倍

晶粒尺寸较大，阴极锡晶粒之间的间隙也较大，致密度、表面平整性低，与 BE 电解液体系的阴极形貌基本一致。这与 LSV 曲线结果是一致的。LSV 曲线分析结果表明，牛磺酸不具有阻滞 Sn(Ⅱ) 阴极沉积的作用，不会增加阴极极化，起到细化和平整阴极锡的作用。

4.2.4 阴极电位

采用计时电位记录了电解 24h 过程中的阴极电位变化曲线，获得的阴极电位变化曲线如图 4.19 所示。

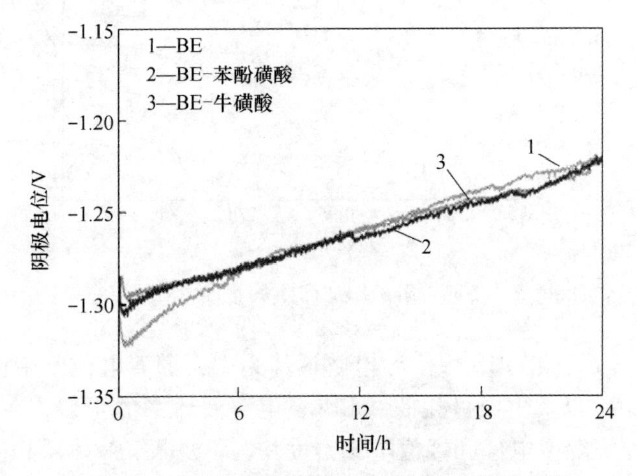

图 4.19 不同电解液体系下的阴极电位变化曲线

由图 4.19 可见，在 24h 电解精炼过程中，3 种电解液中的电位-时间曲线均较平稳，未出现电位震荡，说明阴极沉积过程中电极表面较稳定，无明显锡枝晶、毛刺或粉状锡生成。在电解过程中，随着极化时间延长，阴极电位逐渐正移，极化程度减小，这可能与阴极锡表面平整度减小、表面积增大，进而导致实际电流密度降低有关。比较 3 种电解液的阴极电位可见，苯酚磺酸和牛磺酸添加对阴极电位的影响甚小，说明牛磺酸添加对阴极电位无不利影响。

4.2.5 电流效率

图 4.20 所示为不同添加剂组成的电解液体系 48h 模拟电解过程的电流效率。由图可见，添加苯酚磺酸后明显降低了电流效率，这与之前的结果一致。苯酚磺酸降低电流效率可能与其在阳极和阴极上反复氧化-还原（穿梭效应）有关。相反，在添加牛磺酸后，明显增大，电流效率达到 90%左右。这可能是由于牛磺酸提升了电解液稳定性，电解液中 Sn(Ⅱ) 保持在较高水平，从而抑制了 H^+ 和其他杂质在阴极上析出。

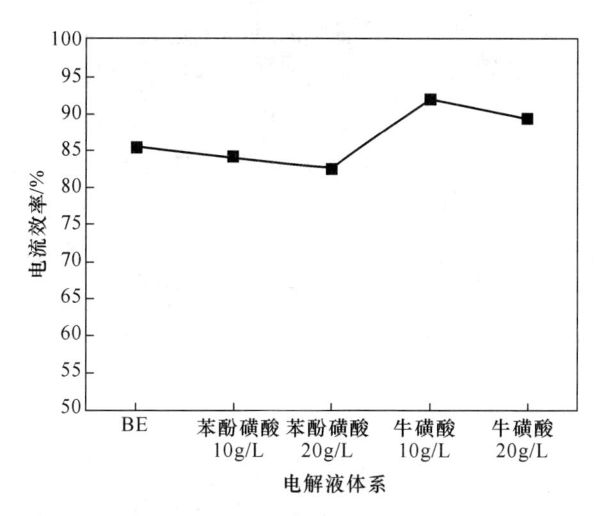

图 4.20 不同添加剂组成的电解液体系电解 48h 过程中的电流效率

本节研究对比了牛磺酸和苯酚磺酸对电解液 Sn(Ⅱ) 稳定性、Sn(Ⅱ) 阴极沉积行为、阴极锡表面形貌和电流效率的影响，评估了牛磺酸替代苯酚磺酸的可能性。研究结果表明，牛磺酸可以显著提高电解液的稳定性，抑制 Sn(Ⅱ) 的水解，效果优于苯酚磺酸；牛磺酸的阴极电位稳定，没有明显的电位震荡，表明 Sn(Ⅱ) 在沉积过程中没有明显的锡枝晶生长；牛磺酸还可以提高电流效率。然而，牛磺酸对 Sn(Ⅱ) 沉积动力学没有明显的影响，不会增加阴极极化，对阴极形貌没有平整和致密作用。

牛磺酸安全无毒，可以作为苯酚磺酸的绿色替代添加剂，提升锡电解稳定性。然而，其无平整效果，在对阴极锡形貌具有较高要求的应用场景中，可以通过复合添加牛磺酸与整平剂来满足应用要求。

4.3 本章小结

传统锡电解精炼添加剂的研发一般采取“试错”模式，即依靠经验挑选某种添加剂，然后通过实验评估其作用效果。这种研发模式忽视了添加剂的官能团与其作用效果之间的关系，需要进行大量的筛选实验，工作量大，研发效率低。此外，由于缺乏官能团的功能导向结构设计，开发的添加剂往往在性能上“顾此失彼”，无法兼具稳定电解液 Sn(Ⅱ) 和抑制阴极锡枝晶生长的性能。因此，本章提出解析添加剂在锡电解精炼过程中官能团构效关系，设计锡电解精炼目标添加剂的特征结构，指导开发兼具稳定 Sn(Ⅱ) 和抑制枝晶生长性能的绿色添加剂，以代替传统有毒有害的苯酚磺酸。

本章的主要结果如下：

(1) 以甲基磺酸为研究对象，研究烷基碳链长度对烷基磺酸在锡电解精炼过程作用效果的影响，以期在甲基磺酸的基础上通过结构优化，开发低成本烷基磺酸添加剂。对比分析甲基磺酸和乙基磺酸对锡电解精炼过程中 Sn(Ⅱ) 稳定性、Sn(Ⅱ) 阴极沉积行为、阴极 Sn(Ⅱ) 表面形貌和电流效率的影响，结果表明，甲基磺酸具有提高 Sn(Ⅱ) 稳定性，抑制 Sn(Ⅱ) 阴极沉积，增大 Sn(Ⅱ) 阴极沉积极化，提高阴极致密度、平整度的作用。然而，甲基磺酸添加会降低电流效率。烷基磺酸碳链增长，对 Sn(Ⅱ) 沉积阻滞作用消失，甚至促进阴极析氢副反应，导致阴极锡颗粒粗大，致密度、平整度降低，电流效率降低。因此，简单以甲基磺酸为基础，通过改变碳链长度，无法获得理想的添加剂。

(2) 以苯酚磺酸为研究对象，研究酚羟基和磺酸基对酚磺酸类物质在锡电解精炼过程作用效果的影响，以期在苯酚磺酸的基础上通过结构优化，开发低成本酚磺酸类添加剂。对比分析苯酚磺酸和甲苯磺酸对锡电解精炼过程中 Sn(Ⅱ) 稳定性、Sn(Ⅱ) 阴极沉积行为、阴极 Sn(Ⅱ) 表面形貌和电流效率的影响，结果表明，苯酚磺酸的酚羟基在锡电解精炼过程中起到还原作用，可以消耗电解液里的溶解氧进而提高电解液稳定性，磺酸基团在电解过程主要作用是络合电解液中的 Sn(Ⅱ)，提高电解液稳定性。苯酚磺酸可以显著增加 Sn(Ⅱ) 阴极沉积极化，明显改善阴极锡平整度和致密度。甲苯磺酸同样具备整平阴极锡的能力，但效果不突出。因此，酚羟基和磺酸基可能是通过协同作用显著改善阴极锡平整度和致密度的。

(3) 为了验证酚羟基和磺酸基对 Sn(Ⅱ) 沉积行为、阴极锡形貌的影响机制，对比分析苯酚磺酸和没食子酸对锡电解精炼过程中 Sn(Ⅱ) 稳定性、Sn(Ⅱ) 阴极沉积行为、阴极 Sn(Ⅱ) 表面形貌和电流效率的影响，结果表明，没食子酸还原性强，可以提高 Sn(Ⅱ) 稳定性，进而提高电流效率。尽管没食子酸促进 Sn(Ⅱ) 的快速沉积，然而，没食子酸仍有一定的整平阴极锡的能力，但效果远差于苯酚磺酸。因此，酚羟基单独存在时具有还原作用和一定的整平能力，苯酚磺酸优异的整平能力是酚羟基和与磺酸基协同作用的结果。

(4) 基于苯酚磺酸的构效关系，目标添加剂应兼具酚羟基和磺酸基。然而，酚类物质大多对人体、环境有害，因此，本章选择同时具有磺酸基团和还原性的牛磺酸作为新型绿色环保添加剂。对比研究了牛磺酸和苯酚磺酸对锡电解精炼过程的影响。结果表明，牛磺酸可以显著提高电解液的稳定性，抑制 Sn(Ⅱ) 的水解，效果优于苯酚磺酸；牛磺酸的阴极电位稳定，没有明显的电位震荡，表明 Sn(Ⅱ) 在沉积过程中没有明显的锡枝晶生长；牛磺酸还可以提高电流效率。然而，牛磺酸对 Sn(Ⅱ) 沉积动力学没有明显的影响，不会增加阴极极化，对阴极形貌没有平整和致密作用。鉴于牛磺酸阴极整平效果不明显，在对阴极锡形貌有较高要求的应用场景中，可将其与整平剂组合添加来满足应用要求。

参考文献

[1] 李柱．锡电解精炼新型电解液添加剂开发及应用研究［D］．赣州：江西理工大学，2018.

[2] 周伯劲．锡分析的进展［J］．分析化学，1974（4）：322~329.

[3] 江银枝．分析化学［M］．上海：上海交通大学出版社，2016.

[4] 潘梦雅，李萍，岑豫皖，等．镀锡电镀工艺及MSA电镀体系添加剂的研究［J］．安徽工业大学学报（自然科学版），2017，34（3）：254~259.

[5] Balaji R，Malathy Pushpavanam，罗慧梅．甲基磺酸在电镀相关金属精饰领域的应用［J］．电镀与涂饰，2004（5）：40~45.

[6] 郭晓丹，宋京九，王东，等．没食子酸及其衍生物的生理活性及研究现状［J］．化学世界，2020，61（9）：585~593.

[7] 何强，石碧，姚开，等．没食子酸与葡萄糖的酯化反应研究［J］．化学研究与应用，2001（5）：550~553.

[8] 张鸣镝，詹妮，李圣桡，等．牛磺酸的加工与检测技术及其应用研究进展［J］．农产品加工，2019（19）：68~72，74.

5　锡电解精炼用生物提取物添加剂的开发与应用

第4章研究了苯酚磺酸中的酚羟基和磺酸基在锡电解精炼过程中的作用机制，发现酚羟基和磺酸基可分别通过还原机理和络合机理提升电解稳定性。苯酚磺酸可以显著增加Sn(Ⅱ)阴极沉积极化，明显改善阴极锡平整度和致密度。甲苯磺酸同样具备整平阴极锡的作用，但效果不突出。苯酚磺酸优异的整平效果是酚羟基与磺酸基协同作用的结果。

本章旨在寻找一种安全无毒、提升Sn(Ⅱ)稳定性、阻滞Sn(Ⅱ)沉积的绿色添加剂以替代苯酚磺酸。基于上述分析，同时兼具酚羟基和磺酸基可能是保证添加剂具有阻滞Sn(Ⅱ)沉积同时具有提升Sn(Ⅱ)稳定性的作用。然而，大部分酚类物质都具有毒性，不利于作业环境和员工健康。

从绿色环保理念的角度出发，本章提出了从生物提取液中筛选锡电解精炼的添加剂。首先，研究了大蒜、茶叶、黄瓜等提取物对锡电解精炼过程的影响。鉴于黄瓜提取物有利于提高锡电解精炼过程中Sn(Ⅱ)的稳定性和电流效率，进一步分析了黄瓜提取物的主要成分，研究了各组分对锡电解精炼的影响，以便确定有效组分。

5.1　苯磺酸钠对锡电解过程的影响

从甲酚磺酸分子结构中磺酸基的角度出发，筛选出了一种具有磺酸基的物质——苯磺酸钠（sodium benzenesulfonate，SB）作为锡电解精炼的添加剂。本节通过对比观察Sn阴极在BE、BE+CSA和BE+SB电解液中的阴极极化曲线、电解液的稳定性、电流效率以及阴极锡形貌，评估苯磺酸钠对锡电解精炼过程的影响。

5.1.1　阴极锡沉积过程

图5.1所示为Sn阴极在BE、BE+CSA和BE+SB 3种电解液中的阴极极化曲线。由图5.1可知，在BE+SB电解液中，还原峰R_1的峰值电流小于BE电解液，而大于BE+CSA电解液，约为-0.084A。说明SB也具有较好的阻滞Sn(Ⅱ)阴极沉积的作用，然而，其对Sn(Ⅱ)阴极沉积过程的阻滞作用略小于CSA。值得注意的是，在BE-SB电解液体系，还原峰R_1的峰值电流较BE电解液体系稍微

正移。从热力学角度上看，SB 的加入似乎并不能阻滞 Sn(Ⅱ) 阴极沉积，因此，可以推测，SB 添加并不显著改变 Sn(Ⅱ) 在电解液中的赋存形式，Sn(Ⅱ) 阴极沉积动力学变慢可能是由于 SB 可在阴极发生特征吸附，改变沉积表面的结构，进而影响 Sn(Ⅱ) 沉积动力学。

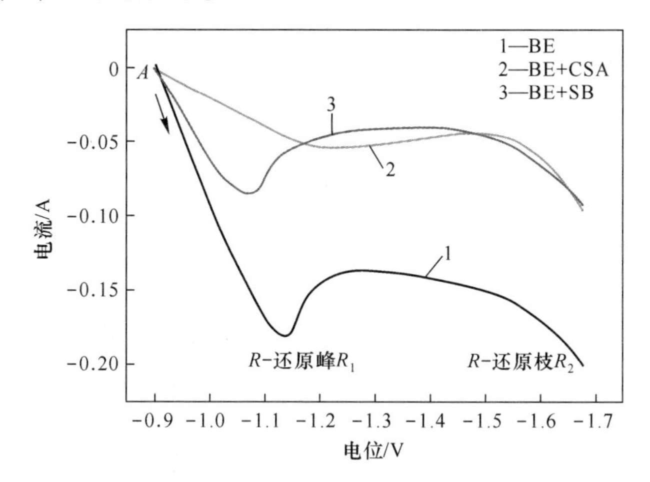

图 5.1 不同添加剂对阴极极化曲线的影响

图 5.2 所示为在不同 SB 浓度的电解液体系中获得的阴极极化曲线。由图 5.2 可知，在 BE+SB 电解液体系中，当苯磺酸钠的浓度从 4g/L 增加到 8g/L 时，还原峰 R_1 的峰值电流逐渐减小至 -0.084A，说明随着苯磺酸钠的增加，其对 Sn(Ⅱ) 的还原沉积的阻滞力增强。而继续增大苯磺酸钠的添加量，峰值电流略有减小，而峰值电位明显变负。可能原因是电解液中过量的苯磺酸钠分子间的作用力变化，增强了其在阴极锡表面形成的吸附膜的作用所致[1]。

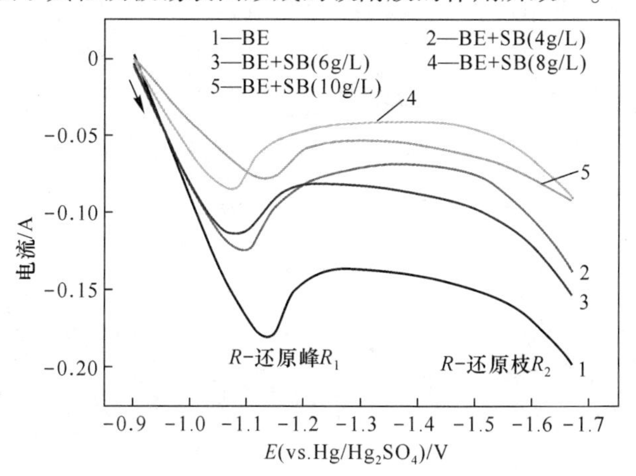

图 5.2 不同浓度的苯磺酸钠对阴极极化曲线的影响

由图 5.3 可见，苯磺酸钠的加入使阴极锡沉积的平衡电位所对应的交换电流密度减小，介于 BE+CSA 电解液和 BE 电解液之间。说明苯磺酸钠对阴极锡沉积具有一定的阻滞作用，但其阻滞作用略弱于甲酚磺酸，与上述结果一致。

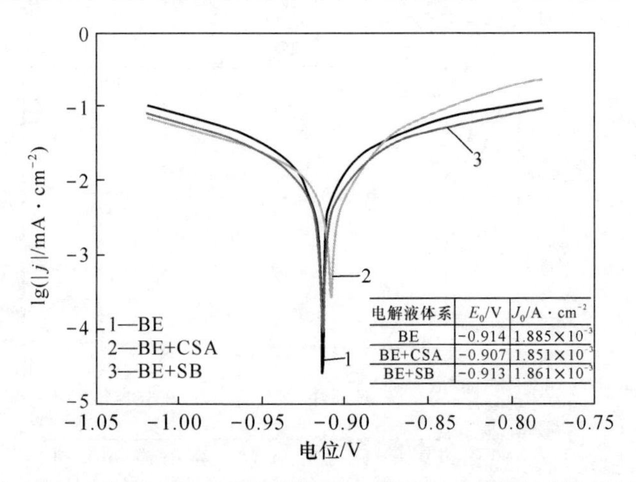

图 5.3 不同电解液中锡电极的 Tafel 曲线及曲线线性拟合数据

5.1.2 阴极锡形貌

图 5.4 所示为在 BE、BE+CSA 和 BE+SB 3 种电解液中模拟电解精炼 24h 后获得的阴极锡表面形貌。在 BE 电解液中，阴极锡表面有较多孔洞，平整度尚可。添加 CSA 可以大幅减少孔洞的数量，表面平整度也有明显的提高，说明 CSA 具有显著的整平效果，这是由于 CSA 可以增大 Sn(Ⅱ) 阴极沉积极化程度，利于获得细小锡晶粒。在 BE+SB 电解液中，阴极锡表面有较多亮点，说明添加 SB 有利于提高阴极锡光亮度。相较 BE 电解液，添加 SB 可以减少孔洞数量，然而，平整度与 BE 电解液体系相当，甚至稍差于 BE 电解液体系。

图 5.4 不同电解液中电解 24h 后的阴极锡的宏观形貌

(a) BE；(b) BE+CSA；(c) BE+SB

5.1.3 电解液稳定性

在模拟电解精炼实验前后对 BE+SB 电解液中各组分的浓度进行了分析，如表 5.1 和表 5.2 所示。

表 5.1 电解前后溶液中 Sn(Ⅱ) 浓度、Sn(T) 总浓度及 $c_{Sn(Ⅱ)}/c_{Sn(T)}$ 总变化

电解液体系	$c_{Sn(Ⅱ)}/g \cdot L^{-1}$		$c_{Sn(T)}/g \cdot L^{-1}$		$c_{Sn(Ⅱ)}/c_{Sn(T)}/\%$	
	电解前	电解后	电解前	电解后	电解前	电解后
BE	9. 03	7. 50	13. 80	13. 57	65. 43	55. 26
BE+CSA	10. 03	9. 52	13. 05	13. 12	76. 83	72. 56
BE+SB	9. 08	7. 51	13. 90	12. 76	65. 28	58. 86

表 5.2 电解前后电解液中 H^+浓度和 H^+浓度变化

电解液体系	$c_{H^+}/g \cdot L^{-1}$		$\Delta c_{H^+}/g \cdot L^{-1}$
	电解前	电解后	
BE	0. 89	0. 81	-0. 08
BE+CSA	0. 98	0. 96	-0. 02
BE+SB	0. 75	0. 74	-0. 01

如表 5.1 所示，在 BE、BE+CSA 和 BE+SB 3 种电解液中，电解前后 Sn(Ⅱ) 浓度均有所降低，其中，BE 和 BE+SB 体系 Sn(Ⅱ) 浓度降低幅度相当，且远大于 BE+CSA 电解液体系。比较 3 种电解液电解前后 $c_{Sn(Ⅱ)}/c_{Sn(T)}$ 可以发现，电解后 BE+CSA 电解液中 Sn(Ⅱ) 占总 Sn 比例达 72.56%，而 BE 和 BE+SB 电解液中 Sn(Ⅱ) 比例分别为 55.26% 和 58.86%，显著低于 BE+CSA 体系。上述结果表明，添加 SB 对电解液中 Sn(Ⅱ) 的稳定性影响甚微，SB 不具有提升电解液稳定性的作用。

表 5.2 列出了电解前后电解液中 H^+浓度和 H^+浓度变化值。可以看出，在 3 种电解液体系，电解后 H^+浓度均出现降低。一般情况下，电解液中 H^+浓度降低可能是由析氢副反应导致的。对比 3 种电解液在模拟电解实验前后 H^+浓度可以发现，添加 CSA 或 SB 后，H^+浓度降低幅度显著减小。上述结果表明，添加苯磺酸钠具有抑制析氢副反应的作用，与前文 LSV 数据分析结果一致。

5.1.4 电流效率

在 BE+SB 电解液中，考察了苯磺酸钠浓度对锡电解精炼过程中电流效率的影响，如图 5.5 所示。当苯磺酸钠的浓度低于 8g/L 时，随着苯磺酸钠浓度增大，锡电解精炼的电流效率由 95.19%增加到 96.87%。当苯磺酸钠浓度高于 8g/L，

继续提高苯磺酸钠浓度反而导致电流效率小幅下降。前文已述及，苯磺酸钠可在阴极表面吸附，进而影响 Sn(Ⅱ) 的电沉积。在添加高浓度苯磺酸钠条件下，阴极锡表面苯磺酸钠覆盖度大，Sn(Ⅱ) 沉积动力学缓慢，可能会促进析氢副反应，因而导致电流密度降低。因此，苯磺酸钠添加浓度最好不高于 8g/L。

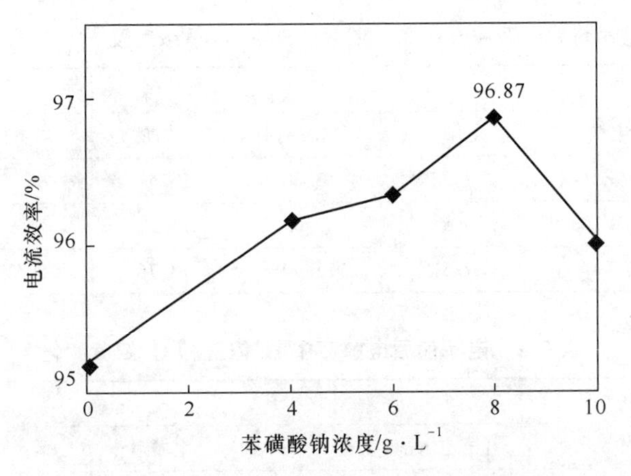

图 5.5 苯磺酸钠浓度对电流效率的影响

综上所述，苯磺酸钠具有一定的阻滞 Sn(Ⅱ) 阴极沉积的作用，随着苯磺酸钠浓度增大，阻滞效果改善。然而，从阴极锡表面形貌看，添加苯磺酸钠不能起到平整阴极的作用。此外，苯磺酸钠对电解液稳定性及电解过程电流效率影响较小。相较于传统锡电解精炼用苯酚磺酸，苯磺酸钠缺乏酚羟基，虽然苯磺酸钠具有一定的阻滞 Sn(Ⅱ) 阴极沉积的作用，但其无法起到平整阴极锡，提升电解液稳定性和提高电流效率的作用，无法满足锡电解精炼工业的应用要求。

5.2 白藜芦醇对锡电解过程的影响

基于甲酚磺酸分子结构中具有酚羟基的特征，筛选出了一种具有酚羟基的物质——白藜芦醇（resveratrol，Res）作为锡电解精炼的添加剂。通过对比分析 BE、BE+CSA 和 BE+Res 3 种电解液体系中获得的阴极线性扫描曲线、电解液的稳定性、电流效率以及阴极锡形貌，评估白藜芦醇对锡电解精炼过程的影响。

5.2.1 阴极锡沉积过程

图 5.6 所示为 Sn 电极在 BE、BE+CSA 和 BE+Res 3 种电解液中获得的阴极线性扫描曲线。如图所示，在 BE-Res 电解液中，当电位开始在 AB_2 区间负扫时，出现还原峰 R_1，且峰值电位稍微发生正移，其值约为-1.087V，而峰值电流则大于 BE-CSA 电解液体系，但小于 BE 电解液体系，约为-0.160A。从热力学看，白藜芦醇添加可以减小 Sn(Ⅱ) 阴极沉积极化电位，对 Sn(Ⅱ) 沉积有利。然而从动力学

看，白藜芦醇添加对 Sn(Ⅱ) 沉积速率有所降低。与苯磺酸钠类似，白藜芦醇可能也可在阴极表面吸附，进而对 Sn(Ⅱ) 的沉积起到一定的阻滞作用。然而，相较苯磺酸钠和 CSA，白藜芦醇的阻滞效果更差。在 C_2D_2 区域，电流密度又逐渐增大，说明此时发生的反应是 Sn(Ⅱ) 的还原沉积和 H^+ 还原为 H_2 的反应同时进行。由图可见，在 BE+Res 电解液体系，析氢副反应比 BE 和 BE+CSA 电解液体系更严重。

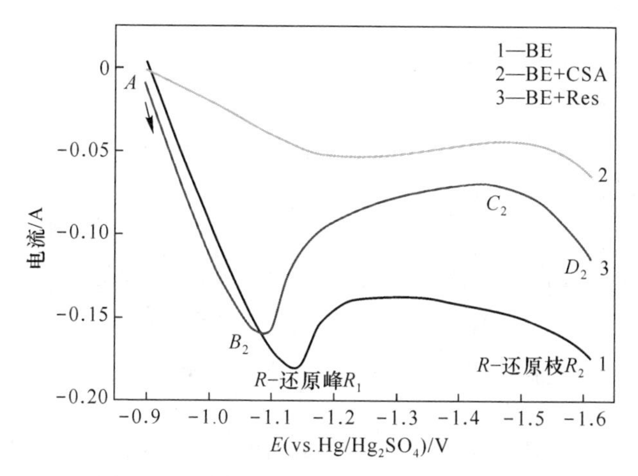

图 5.6　不同添加剂对阴极极化曲线的影响

图 5.7 所示为在添加有不同浓度白藜芦醇的电解液中获得的线性极化曲线。由图可见，随着白藜芦醇浓度从 10mg/L 增加到 40mg/L 时，还原峰 R_1 的峰值电流小幅增大，但仍小于基础电解液的还原峰 R_1 的峰值电流，而峰值电位则略微发生正移，实验结果证实了白藜芦醇对阴极锡的还原沉积具有一定的阻滞作用，且这种阻滞作用随着白藜芦醇浓度的增加而小幅减弱。总体上看，白藜芦醇添加量的改变对 Sn(Ⅱ) 的沉积行为影响不大。因此，从经济的角度上看，宜添加低浓度白藜芦醇。

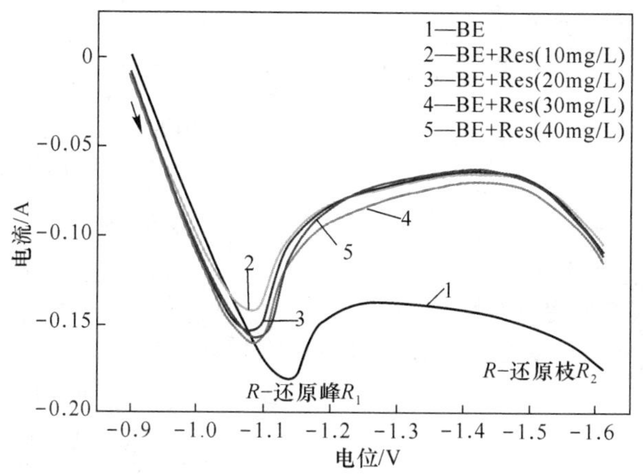

图 5.7　不同浓度白藜芦醇对阴极极化曲线的影响

从图 5. 8 中的 Tafel 曲线线性拟合数据表中可以看出，白藜芦醇的加入使阴极锡沉积的平衡电位所对应的交换电流密度减小，介于 BE+CSA 电解液和 BE 电解液之间，说明其阻滞效果要差于甲酚磺酸。与阴极极化曲线的分析结果一致，证实了前面所得到的结论。

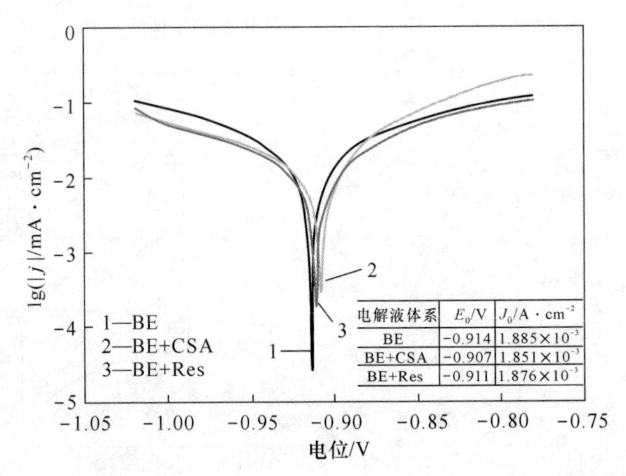

电解液体系	E_0/V	J_0/A · cm^{-2}
BE	−0.914	1.885×10^{-3}
BE+CSA	−0.907	1.851×10^{-3}
BE+Res	−0.911	1.876×10^{-3}

图 5. 8 不同电解液中锡电极的 Tafel 曲线及曲线线性拟合数据

5. 2. 2 阴极锡形貌

图 5. 9 所示为在 BE、BE+CSA 和 BE+Res 3 种电解液中模拟电解精炼 24h 后获得的阴极锡表面形貌。BE 和 BE+CSA 电解液体系获得的阴极锡形貌前文已述及，在此不再赘述。在 BE-Res 电解液体系中获得的阴极锡表面有大量细小颗粒，平整度较差，且边缘效应更明显。上述结果表明，白藜芦醇对阴极锡不具有整平作用，对阴极锡形貌无明显改善作用。

(a) (b) (c)

图 5. 9 不同电解液中电解 24h 后的阴极锡的宏观形貌

(a) BE；(b) BE+CSA；(c) BE+Res

5.2.3 电解液稳定性

对 BE、BE+CSA 和 BE+Res 3 种电解液体系模拟电解实验前后 Sn(Ⅱ) 和总锡浓度进行检测，结果如表 5.3 所示。模拟电解过程中，BE+Res 电解液体系 Sn(Ⅱ) 浓度发生贫化，电解后 Sn(Ⅱ) 的浓度高于 BE 电解液体系，但远低于 BE+CSA 电解液体系。值得注意的是，BE+Res 电解液体系 Sn(T) 的浓度明显低于 BE 和 BE+CSA 电解液体系。从电解液中 Sn(Ⅱ) 占比看，BE+Res 电解液体系中 Sn(Ⅱ) 占比高于 BE 电解液体系，但明显低于 BE-CSA 体系。因此，添加白藜芦醇具有一定的提高 Sn(Ⅱ) 稳定性的作用，但效果差于传统甲酚磺酸。

表 5.3 电解前后溶液中 Sn(Ⅱ) 浓度、Sn(T) 浓度及 $c_{Sn(Ⅱ)}/c_{Sn(T)}$ 变化

电解液体系	$c_{Sn(Ⅱ)}/g \cdot L^{-1}$		$c_{Sn(T)}/g \cdot L^{-1}$		$c_{Sn(Ⅱ)}/c_{Sn(T)}/\%$	
	电解前	电解后	电解前	电解后	电解前	电解后
BE	9.03	7.50	13.80	13.57	65.43	55.26
BE+CSA	10.03	9.52	13.05	13.12	76.83	72.56
BE+Res	9.41	8.33	13.07	12.80	72.00	65.08

表 5.4 所示为 3 种电解液中模拟电解实验前后 H^+浓度的变化。由表 5.4 可见，在添加有 CSA 和 Res 的电解液体系中，电解前后 H^+浓度变化很小，说明与 CSA 类似，白藜芦醇也具有抑制析氢副反应的作用，这与添加白藜芦醇可以维持较高的 Sn(Ⅱ) 浓度也有一定关系。

表 5.4 电解前后电解液中 H^+浓度和 H^+浓度变化

电解液体系	$c_{H^+}/g \cdot L^{-1}$		$\Delta c_{H^+}/g \cdot L^{-1}$
	电解前	电解后	
BE	0.89	0.81	-0.08
BE+CSA	0.98	0.96	-0.02
BE+Res	0.74	0.75	0.01

5.2.4 电流效率

在 BE+Res 电解液中，考察了不同浓度的白藜芦醇对锡电解精炼实验中电流效率的影响，所得到的电流效率如图 5.10 所示。由图 5.10 可见，当白藜芦醇浓度从 0g/L 增加到 30mg/L 时，锡电解精炼的电流效率由 95.19%增加到 99.06%，当白藜芦醇浓度超过 30mg/L 时，锡电解精炼的电流效率不再增加，这是因为此时 BE+Res 电解液中白藜芦醇的浓度已经达到了饱和状态。

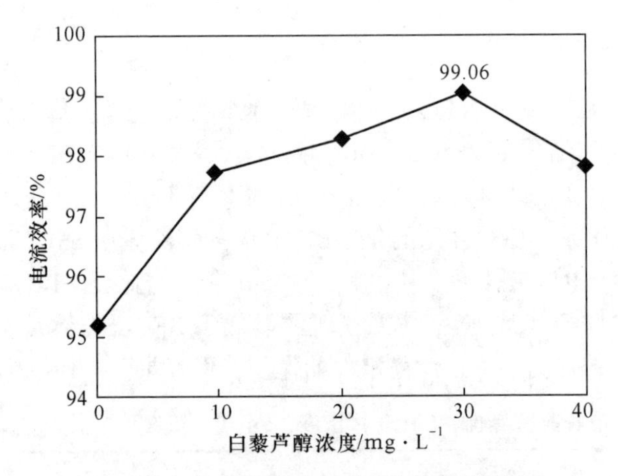

图 5.10　白藜芦醇浓度对电流效率的影响

综上所述，白藜芦醇具有一定的提高电解液的稳定性和电流效率的作用，但白藜芦醇不具有阴极锡整平效果，甚至恶化阴极锡形貌。总体上看，白藜芦醇也无法满足锡电解精炼工业应用要求。

5.3　生物提取物对锡电解过程的影响

前两节分别介绍了苯磺酸钠和白藜芦醇对锡电解精炼过程的影响。苯磺酸钠和白藜芦醇的筛选主要基于两者具有与传统甲酚磺酸类似的官能团。本节将研究生物提取物对锡电解精炼过程的影响。众所周知，大自然中有丰富的生物，每个生物中都有独特的生物质成分。其中，很多生物质成分具有抗氧化的性能。因此，本节介绍了几种常见的生物提取物对锡电解精炼过程的影响。

本节对比研究了 BE、BE-CSA 和添加有大蒜（本地超市）、茶叶（信阳毛尖）、黄瓜（本地超市）提取物的电解液体系中的 Sn 阴极极化曲线、电解液的稳定性、电流效率以及阴极锡形貌，评估了这些生物提取物在锡电解精炼过程中的应用可行性。

大蒜、茶叶、黄瓜的提取物获得方法简单说明如下。茶叶提取物：用 25mL 沸水对不同质量的茶叶进行浸泡 15min 后，取浸出液于 BE 电解液中，再定容。大蒜和黄瓜提取物：洗净、晾干、切块、破碎于离心管中，再置于离心机中以 10000r/min 的转速进行 30min 离心处理，最后过滤出滤液于 BE 电解液后定容。

5.3.1　阴极锡沉积过程

图 5.11 所示为在添加有不同浓度大蒜提取物的电解液体系中获得的阴极极化曲线。由图可见，电解液中添加大蒜提取物，Sn(Ⅱ) 还原峰峰值电流减小。随着大蒜提取物浓度增大，还原峰峰值电流显著降低。当大蒜的浓度增加到 6g/L 时，

还原峰 R_1 的峰值电流减小至-0.093A，继续增加大蒜的浓度至 8g/L 时，却发现还原峰的峰值电流几乎不变。上述结果表明，大蒜提取物具有良好的阻滞 Sn(Ⅱ) 阴极沉积的作用。值得注意的是，尽管大蒜提取物可以阻滞 Sn(Ⅱ) 沉积，但是在较负电位区间，添加低浓度大蒜提取物无法高效抑制析氢副反应。

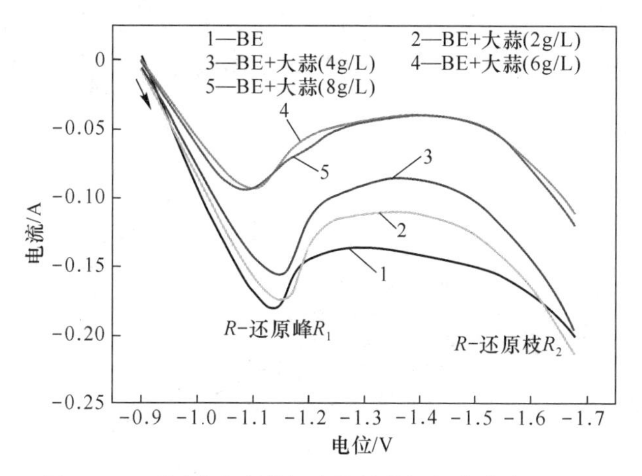

图 5.11　不同浓度大蒜提取物对阴极极化曲线的影响

图 5.12 所示为在添加有不同浓度茶叶提取物的电解液体系中获得的阴极极化曲线。由图可知，在添加有茶叶提取物的电解液中获得的阴极极化曲线 Sn(Ⅱ) 还原峰 R_1 峰值电位相较 BE 电解液负移，峰值电流也显著减小。茶叶提取物添加浓度对阴极极化曲线影响较小。当茶叶提取物添加浓度为 0.5g/L 时，R_1 峰峰值电位最负，约为-1.20V，峰值电流也最小，约为-0.07A/cm^2。上述结果表明，茶叶提取物对 Sn(Ⅱ) 阴极沉积具有较好的阻滞作用。

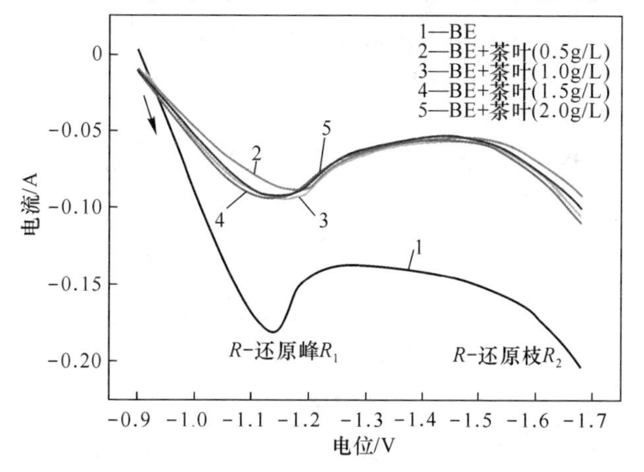

图 5.12　不同浓度茶叶对阴极极化曲线的影响

图 5.13 所示为在添加有不同浓度黄瓜提取物的电解液体系中获得的阴极极化曲线。由图可知，在添加有黄瓜提取物的电解液中获得的阴极极化曲线与 BE 电解液体系的接近。当黄瓜提取物浓度较低时（2g/L），Sn(Ⅱ) 还原峰 R_1 的峰值电流明显小于 BE 电解液体系。当黄瓜提取物浓度进一步提高，峰值电流增大，接近 BE 电解液体系的 R_1 峰值电流，但是峰值电位却小幅负移。总体上看，黄瓜提取物浓度较低可以较好地阻滞阴极锡的还原沉积，且这种阻滞作用在一定范围内随着黄瓜浓度的增加而减弱。

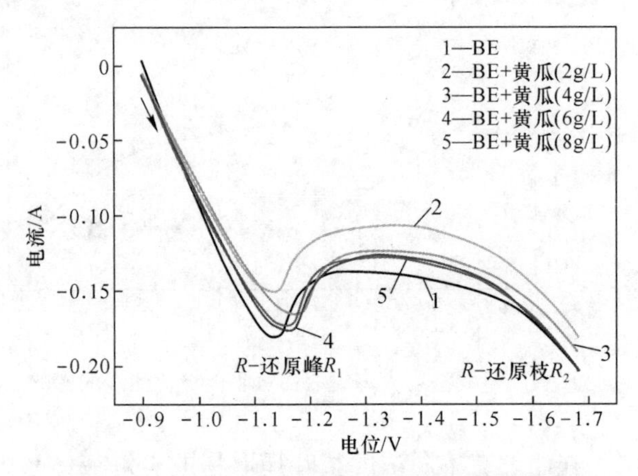

图 5.13 不同浓度黄瓜对阴极极化曲线的影响

图 5.14 对比了在 BE、BE+CSA 和 3 种添加有生物提取物电解液体系中获得的阴极极化曲线。由图 5.14 可见，添加有黄瓜提取物的电解液和 BE 电解液中获得的极化曲线接近，说明黄瓜提取物对 Sn(Ⅱ) 的阴极沉积行为影响较小。大蒜和茶叶提取物具有较明显的阻滞 Sn(Ⅱ) 沉积的效果，但是效果均差于 CSA。相较而言，茶叶提取物对 Sn(Ⅱ) 沉积阻滞效果优于大蒜提取物。

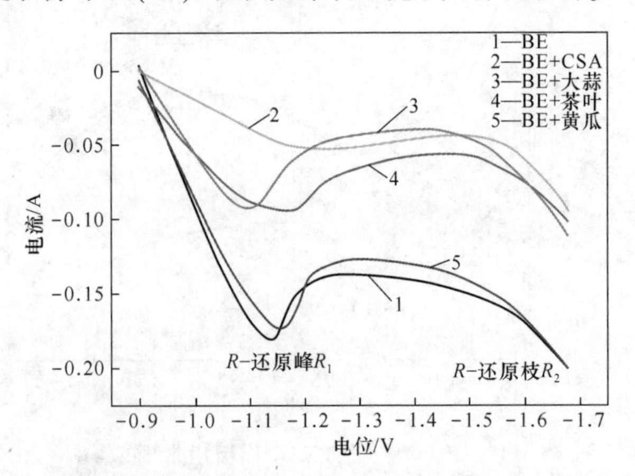

图 5.14 不同添加剂对阴极极化曲线的影响

因此，各电解液体系阻滞 Sn(Ⅱ) 阴极还原效果由弱到强排序如下：BE>BE+黄瓜>BE+大蒜>BE+茶叶>BE+CSA。大蒜、茶叶提取物对 Sn(Ⅱ) 沉积的阻滞效果弱于甲酚磺酸。针对不同生物提取物的作用机制推测如下：（1）生物提取物可能在阴极表面特性吸附，Sn(Ⅱ) 必须突破吸附层才能放电沉积，进而起到阻滞 Sn(Ⅱ) 阴极沉积的作用；（2）由于黄瓜提取物的成分比较复杂，一般黄瓜提取物中含有酚类、糖类、维生素类等组分，这些组分可能会与 Sn(Ⅱ) 络和，进而使 Sn(Ⅱ) 还原电位负移；（3）大蒜提取物中的蒜氨酸可能是发挥阻滞 Sn(Ⅱ) 沉积的主要组分，蒜氨酸在酸性溶液中水解出的氨基和硫原子可吸附在阴极锡表面[2]，进而阻滞阴极锡的还原沉积；（4）茶叶提取物中含 20%~30%叶蛋白或氨基酸，也可水解出的具有吸附作用的氨基和羧基官能团，相较于微量茶多酚所带有还原作用的酚羟基官能团占据主导作用，率先吸附在阴极锡的表面，阻碍了阴极锡的还原沉积，增大阴极极化程度，减缓了阴极锡的还原沉积。

图 5.15 所示为在 BE、BE+CSA、BE+大蒜、BE+茶叶和 BE+黄瓜电解液中获得的 Tafel 曲线，拟合获得的动力学参数如图 5.15 内嵌表格所示。在电解过程中，由于不同电解液的平衡电位 E_0 差异不大，而 BE+茶叶、BE+大蒜、BE+黄瓜电解液的平衡电位所对应的交换电流密度 j_0 要大于 BE+CSA 电解液而小于 BE 电解液，说明大蒜、茶叶和黄瓜对锡沉积的阻滞要弱于甲酚磺酸，并且，三者中茶叶的阻滞作用最好，黄瓜的阻滞作用最差，与前文分析结果一致。

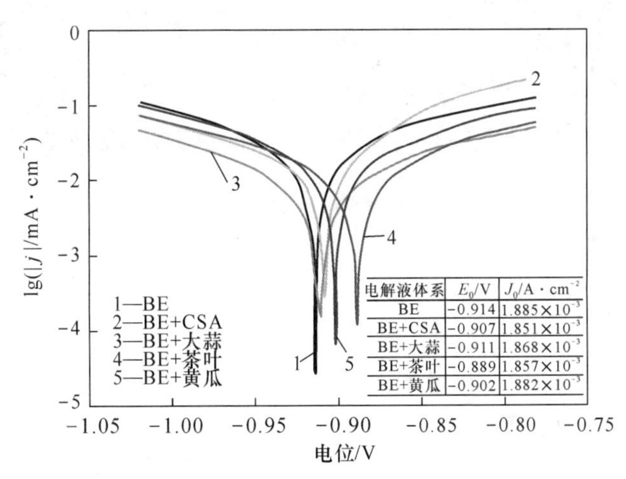

电解液体系	E_0/V	J_0/A · cm^{-2}
BE	-0.914	1.885×10^{-3}
BE+CSA	-0.907	1.851×10^{-3}
BE+大蒜	-0.911	1.868×10^{-3}
BE+茶叶	-0.889	1.857×10^{-3}
BE+黄瓜	-0.902	1.882×10^{-3}

图 5.15　不同电解液中锡电极的 Tafel 曲线及 Tafel 曲线线性拟合数据

5.3.2 阴极锡形貌

图 5.16 所示为在 BE、BE+CSA、BE+大蒜、BE+茶叶和 BE+黄瓜电解液中模

拟电解 24h 之后得到的阴极锡表面形貌。由图 5.16 可见，在 BE+茶叶电解液体系中，阴极锡表面平整度、致密度接近 BE+CSA 体系。而 BE+大蒜和 BE+黄瓜两种电解液体系中获得的阴极锡表面平整度与 BE 相当，甚至略差。因此，通过比较可以发现茶叶提取物对阴极锡平整效果最好，这可由茶叶提取物显著阻滞 Sn(Ⅱ) 阴极沉积来解释。

图 5.16 不同电解液中电解 24h 后的阴极锡的宏观形貌
(a) BE；(b) BE+CSA；(c) BE+茶叶；(d) BE+大蒜；(e) BE+黄瓜

5.3.3 电解液稳定性

对 BE、BE+CSA、BE+大蒜、BE+茶叶和 BE+黄瓜 5 种电解液体系模拟电解实验前后 Sn(Ⅱ) 和总锡浓度进行检测，结果见表 5.5。由表 5.5 中 Sn(Ⅱ) 的浓度占总 Sn 浓度的百分比可知，添加有大蒜、茶叶或黄瓜的电解液的 Sn(Ⅱ) 占比要高于 BE 电解液，说明这 3 种添加剂均能够提高电解液中 Sn(Ⅱ) 的稳定性。而且在电解前后，BE+黄瓜电解液中 Sn(Ⅱ) 的占比降低幅度较小，说明其对电解液中锡离子的稳定性相对较好。从电解后电解液 Sn(Ⅱ) 浓度来看，添加茶叶提取物可以使电解液中 Sn(Ⅱ) 保持在较高水平，具有较好地改善电解液稳定性的作用。

表 5.5 电解前后溶液中 Sn(Ⅱ) 浓度、Sn(T) 浓度及 $c_{Sn(Ⅱ)^+}/c_{Sn(T)}$ 变化

电解液体系	$c_{Sn(Ⅱ)}$/g·L^{-1}		$c_{Sn(T)}$/g·L^{-1}		$c_{Sn(Ⅱ)}/c_{Sn(T)}$/%	
	电解前	电解后	电解前	电解后	电解前	电解后
BE	9.03	7.50	13.80	13.57	65.43	55.26
BE+CSA	10.03	9.52	13.05	13.12	76.83	72.56
BE+大蒜	9.47	8.04	12.91	12.56	73.35	64.01
BE+茶叶	9.57	9.29	12.76	14.03	75.00	66.22
BE+黄瓜	9.40	8.56	13.20	12.49	71.21	68.53

表 5.6 所示为在 5 种电解液中模拟电解实验前后 H^+浓度的变化。从表 5.6 中可以看出，电解 24h 后电解液中 H^+的浓度表现为：BE+CSA>BE+茶叶>BE+黄瓜>BE>BE+大蒜。而电解前后电解液中 H^+浓度变化值从高到低排序为：BE>BE+茶叶>BE+大蒜>BE+黄瓜>BE+CSA。结合添加剂的成分，说明甲酚磺酸的加入能够增大电解液的酸度，但随着电解的进行，酸度逐渐减小；茶叶的加入能够小幅度增大电解液的酸度，且随着电解的进行，酸度逐渐增大，但其变化要比 BE 电解液小；而黄瓜的加入，电解液中酸度在电解前后则相对较为稳定；大蒜的加入能够降低溶液中的酸度，且随着电解的进行，酸度基本不变。造成这种现象的可能原因是：由于茶叶和黄瓜中含有少量的氨基酸、有机酸等弱酸性物质，因此随着其滤液加入酸性电解液中，使得溶液中酸度略有增大；而作为碱性食品的大蒜，可能因其含有大量的蛋白质、脂肪及微量的碱（土）金属元素的存在，消耗了电解液中的酸，所以 BE+大蒜电解液的酸浓度明显小于 BE 电解液。

表 5.6 电解前后电解液中 H^+浓度和 H^+浓度变化

电解液体系	c_{H^+}/g·L^{-1}		Δc_{H^+}/g·L^{-1}
	电解前	电解后	
BE	0.89	0.81	-0.08
BE+CSA	0.98	0.96	-0.02
BE+大蒜	0.75	0.75	0
BE+茶叶	0.85	0.88	0.03
BE+黄瓜	0.83	0.82	-0.01

5.3.4 电流效率

图 5.17 和图 5.18 分别给出了添加不同浓度大蒜、茶叶、黄瓜提取物对锡电

解精炼过程电流效率的影响。当黄瓜浓度从 0g/L 增加到 6g/L 时，锡电解精炼的电流效率由 95.19%增加到 98.72%，继续加大浓度，锡电解精炼的电流效率则基本不变。因此，黄瓜的浓度为 6g/L 时最佳；当大蒜浓度从 0g/L 增加到 6g/L 时，锡电解精炼的电流效率由 95.19%增加到 97.22%，继续加大浓度，锡电解精炼的电流效率略有增加。所以，大蒜的浓度为 6g/L 时最佳；当茶叶浓度从 0g/L 增加到 1.5g/L 时，锡电解精炼的电流效率由 95.19%增加到 98.73%，继续加大浓度，锡电解精炼的电流效率不再增大。故而，茶叶的浓度为 1.5g/L 时最佳。

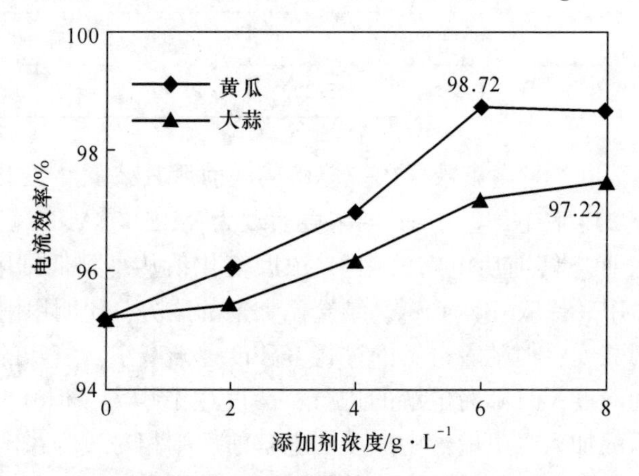

图 5.17 不同添加剂浓度对电流效率的影响

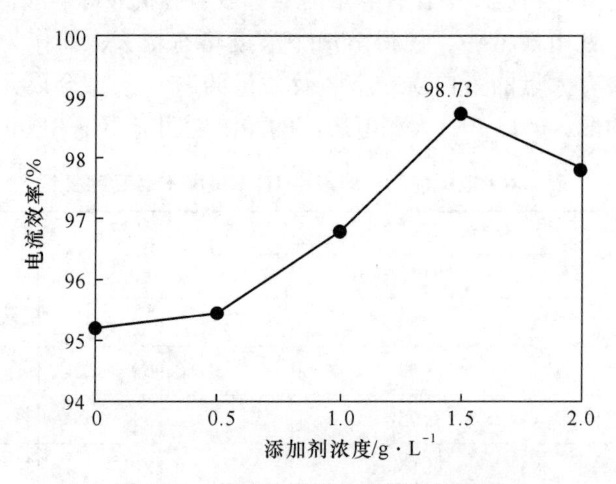

图 5.18 茶叶浓度对电流效率的影响

综上可见，在添加有大蒜、茶叶、黄瓜提取物的电解液中获得的阴极锡表面形貌差别不大，黄瓜提取物可以提升电解液 Sn(Ⅱ) 的稳定性，并获得较高的电流效率。因此，黄瓜提取物有在锡电解精炼中的应用潜力。

5.4 黄瓜提取液中主要化学成分对锡电解过程的影响

上节研究结果表明，黄瓜提取物具有改善阴极形貌、提升 Sn(Ⅱ) 稳定性和电流效率的作用。但是，黄瓜提取物中有多种组分，因此，需要进一步确认黄瓜提取物中的有效组分。本节选取了几种典型黄瓜提取物的组分，即抗坏血酸（vitamin C，VC）、D-葡萄糖（D-glucose，DGlu）、芦丁（rutinum，Rut），分别研究上述单一组分对锡电解精炼过程的影响。通过对比研究 BE、BE+CSA 和添加有抗坏血酸、D-葡萄糖、芦丁电解液体系阴极极化曲线、电解液的稳定性、电流效率以及阴极锡表面形貌，以确认黄瓜提取物中的有效组分。

5.4.1 阴极锡沉积过程

图 5.19 所示为在添加有不同浓度 VC 的电解液体系获得的阴极极化曲线。由图可见，当 VC 的加入量从 0 增加到 6g/L 时，还原峰 R_1 的峰值电流逐渐减小，说明 VC 的添加可以阻滞 Sn(Ⅱ) 的快速沉积。从沉积电位看，VC 添加量增大，Sn(Ⅱ) 沉积还原峰峰值电位略微正移。因此，可以分析，VC 可能在阴极锡表面吸附，Sn(Ⅱ) 需要突破 VC 吸附层才能放电沉积，进而增大 Sn(Ⅱ) 沉积反应的极化程度[2]。

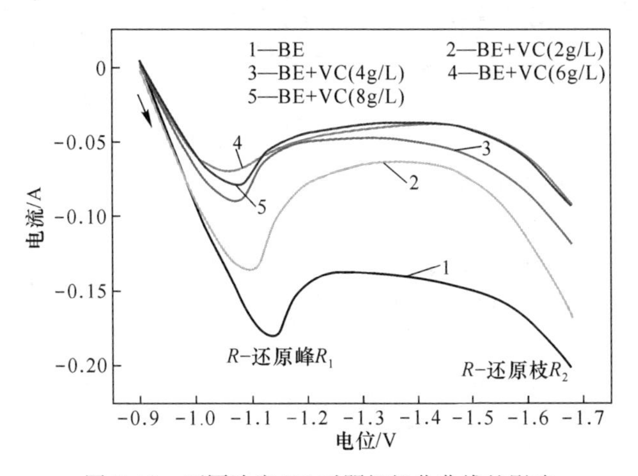

图 5.19 不同浓度 VC 对阴极极化曲线的影响

图 5.20 所示为在添加有不同浓度 D-葡糖糖的电解液体系获得的阴极极化曲线。由图可见，当 D-葡糖糖添加量低于 6g/L 时，D-葡糖糖添加量增大，Sn(Ⅱ) 还原峰峰值电流逐渐减小。然而，当 D-葡糖糖添加量达到 6g/L 时，进一步提高 D-葡糖糖添加量反而使 Sn(Ⅱ) 还原峰峰值电流逐渐增大。添加高浓度 D-葡萄糖，Sn(Ⅱ) 沉积峰峰值电流显著增大，峰值电位明显负移。上述实验结果表明，电解液中 D-葡萄糖的最佳添加量是 4g/L。

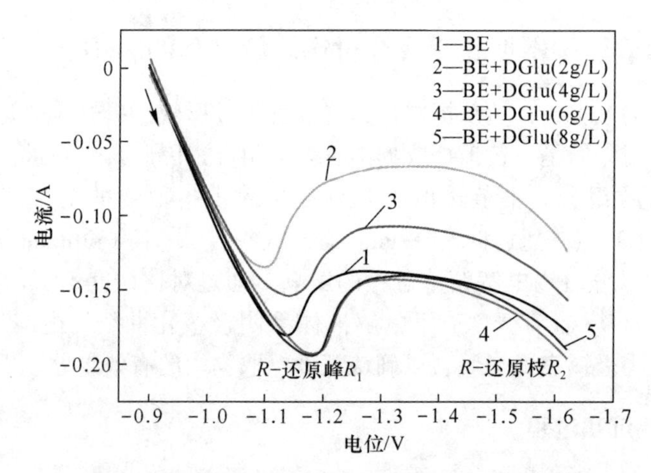

图 5.20 不同浓度 D-葡萄糖对阴极极化曲线的影响

图 5.21 所示为在添加有不同浓度芦丁的电解液体系获得的阴极极化曲线。由图可见，添加 10mg/L 芦丁时，Sn(Ⅱ) 还原峰峰值电位正移，峰值电流显著减小。增大芦丁添加量，Sn(Ⅱ) 还原沉积峰峰值电位负移，峰值电流增大。可以发现，添加较高浓度芦丁可以使 Sn(Ⅱ) 沉积电位负移，阻滞 Sn(Ⅱ) 快速沉积。电解液中芦丁的最佳添加量是 50mg/L。

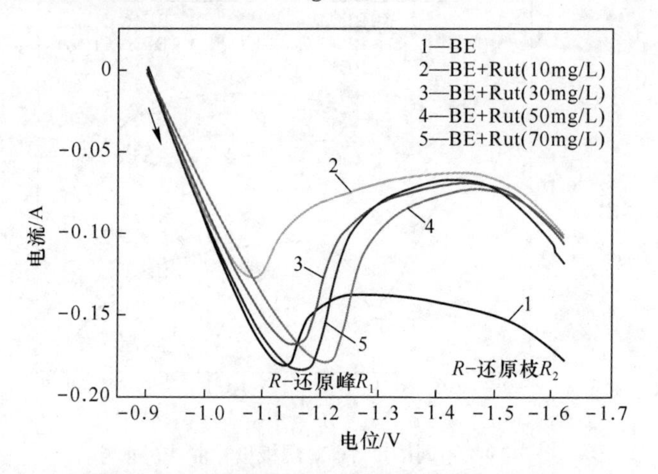

图 5.21 不同浓度芦丁对阴极极化曲线的影响

图 5.22 对比分析了 CSA、VC、DGlu 和 Rut 4 种添加剂对锡电解沉积阴极极化曲线的影响。CSA 的添加既可以使 Sn(Ⅱ) 沉积电位负移，而且显著降低 Sn(Ⅱ) 沉积电流。VC、DGlu 和 Rut 均可使 Sn(Ⅱ) 沉积还原峰峰值电位负移，但峰值电流也明显增大。对比不同电解液体系 Sn(Ⅱ) 沉积还原峰峰值电位可以发现，VC 对 Sn(Ⅱ) 沉积阻滞效果较好。

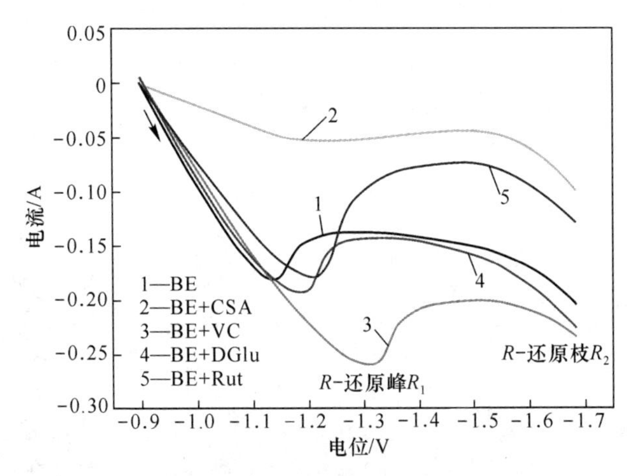

图 5.22 不同添加剂对阴极极化曲线的影响

图 5.23 对比分析了 CSA、VC、DGlu 和 Rut 4 种添加剂对锡电解沉积 Tafel 曲线的影响。不同电解液的平衡电位 E_0 的差别很小，而在不同电解液中平衡电位条件下的交换电流密度相差较大，且大小顺序是：BE+VC>BE+DGlu>BE+Rut>BE>BE+CSA。实验结果表明，不同添加剂对促进阴极锡沉积的效果强弱顺序是：抗坏血酸>D-葡萄糖>芦丁>无添加剂>甲酚磺酸，验证了前面阴极极化曲线所得到的结果。

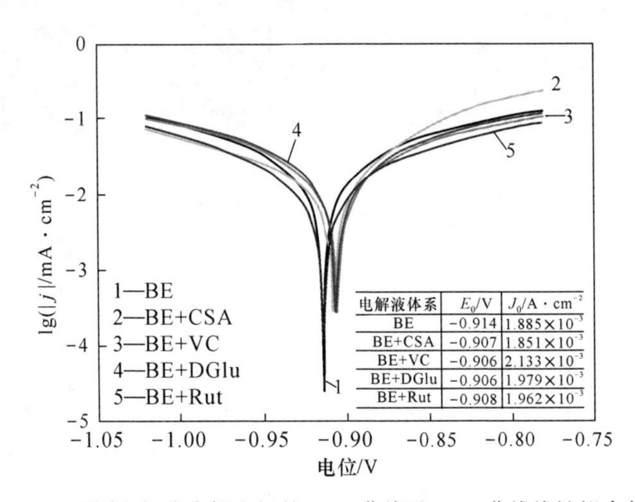

电解液体系	E_0/V	J_0/A · cm^{-2}
BE	−0.914	1.885×10^{-3}
BE+CSA	−0.907	1.851×10^{-3}
BE+VC	−0.906	2.133×10^{-3}
BE+DGlu	−0.906	1.979×10^{-3}
BE+Rut	−0.908	1.962×10^{-3}

图 5.23 不同电解液中锡电极的 Tafel 曲线及 Tafel 曲线线性拟合数据

5.4.2 阴极锡形貌

图 5.24 所示为在 BE、BE+CSA、BE+VC、BE+DGlu 和 BE+Rut 电解液中模

拟电解 24h 之后得到的阴极锡表面形貌。由图可见，添加 VC 后，阴极锡表面出现大量坑，平整度较差，且阴极锡表面发黑。添加 DGlu 后，阴极锡表面出现较多颗粒，平整度也不高。添加 Rut 后阴极锡平整度、致密度相较 BE 体系有小幅改善。

图 5.24 不同电解液中电解 24h 后的阴极锡的宏观形貌

(a) BE；(b) BE+CSA；(c) BE+VC；(d) BE+DGlu；(e) BE+Rut

5.4.3 电解液稳定性

对 BE、BE+CSA、BE+VC、BE+DGlu 和 BE+Rut 5 种电解液体系模拟电解实验前后 Sn(Ⅱ) 和总锡浓度进行检测，结果如表 5.7 所示。从表 5.7 中可以看出，添加有抗坏血酸、D-葡萄糖或芦丁的电解液在电解前后，Sn(Ⅱ) 的浓度及其占总 Sn 百分比均大于 BE 电解液，小于 BE+CSA 电解液，且 BE+VC 电解液的各数值更接近 BE+CSA 电解液，说明抗坏血酸对电解液中锡离子的稳定性相对 D-葡萄糖或芦丁较好。

表 5.7 电解前后溶液中 Sn(Ⅱ) 浓度、Sn 总浓度及 $c_{Sn(II)}/c_{Sn(T)}$ 变化

电解液体系	$c_{Sn(II)}$/g·L^{-1}		$c_{Sn(T)}$/g·L^{-1}		$c_{Sn(II)}/c_{Sn(T)}$/%	
	电解前	电解后	电解前	电解后	电解前	电解后
BE	9.03	7.50	13.80	13.57	65.43	55.26
BE+CSA	10.03	9.52	13.05	13.12	76.83	72.56
BE+VC	9.49	8.64	13.09	12.62	72.50	68.46
BE+DGlu	9.24	7.91	13.44	13.09	68.75	60.43
BE+Rut	9.14	8.31	13.68	12.91	66.81	64.37

从表 5.8 中可以看出，在电解前后 BE+VC 电解液的酸度均大于 BE 电解液小于 BE+CSA 电解液，而 BE+DGlu 电解液和 BE+Rut 电解液酸度则与 BE 电解液相当。与 CSA 类似，VC 也是一种弱酸，酸性要强于 D-葡萄糖和芦丁。添加有抗坏血酸、D-葡萄糖或芦丁的电解液中 H^+的浓度波动值均小于 BE 电解液，说明这 3 种添加剂能够提高电解液中 H^+的稳定性。

表 5.8 电解前后电解液中 H^+浓度和 H^+浓度变化

电解液体系	c_{H^+}/g·L^{-1}		Δc_{H^+}/g·L^{-1}
	电解前	电解后	
BE	0.89	0.81	-0.08
BE+CSA	0.98	0.96	-0.02
BE+VC	0.89	0.92	0.03
BE+DGlu	0.81	0.77	-0.04
BE+Rut	0.82	0.82	0

5.4.4 电流效率

图 5.25 和图 5.26 给出了添加不同浓度抗坏血酸、D-葡萄糖和芦丁对锡电解精炼过程电流效率的影响，由图可见，当抗坏血酸浓度从 0g/L 增加到 6g/L 时，锡电解精炼的电流效率由 95.19%增加到 100.35%，继续加大浓度，锡电解精炼的电流效率则有所减小。而电流效率大于 100%的可能性原因是：抗坏血酸具有很强的还原性，将部分的 Sn^{2+}还原成 Sn；当 D-葡萄糖浓度从 0g/L 增加到 6g/L 时，锡电解精炼的电流效率由 95.19%增加到 98.06%，继续加大浓度，锡电解精炼的电流效率略有增加；当芦丁浓度从 0mg/L 增加到 50mg/L 时，锡电解精炼的电流效率由 95.19%增加到 98.66%，继续加大浓度，锡电解精炼的电流效率变化不大。

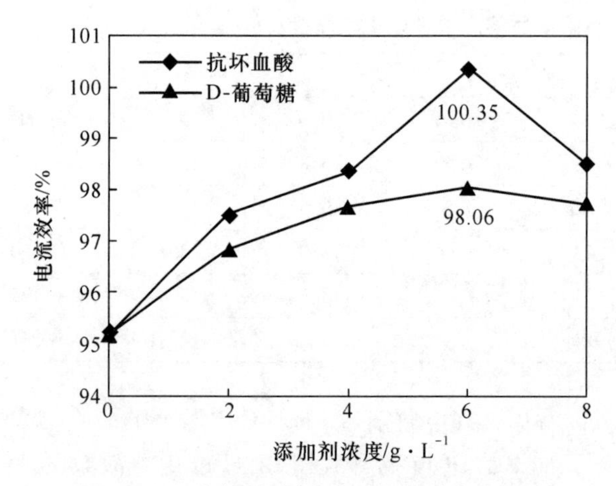

图 5.25 不同添加剂浓度对电流效率的影响

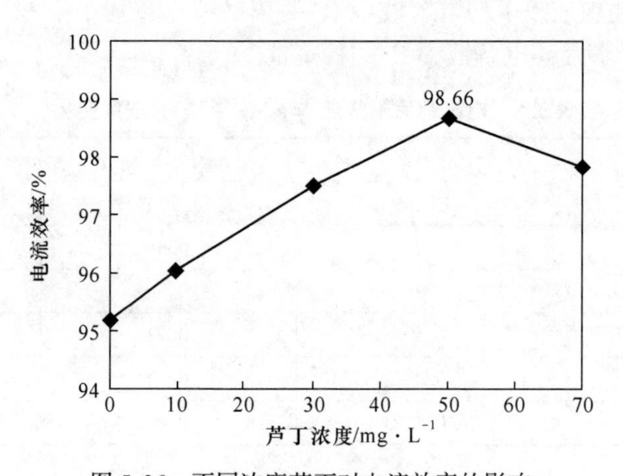

图 5.26 不同浓度芦丁对电流效率的影响

综上可见，D-葡萄糖对阴极锡的整平性最差，抗坏血酸稍好，芦丁整平效果最好。虽然整平效果有所差异，但是使用 3 种添加剂所制得的阴极锡均没有晶须的产生；添加有抗坏血酸的锡电解液体系中 Sn^{2+} 的稳定性要优于添加 D-葡萄糖或芦丁的电解液体系；添加有抗坏血酸的电解液体系的电流效率相较于添加 D-葡萄糖和芦丁的电解液体系电流效率稍高。综合考虑，选择抗坏血酸作为甲酚磺酸的替代添加剂，且其最佳浓度为 6g/L。

5.5 复合添加剂提取液对锡电解过程的影响

根据上述研究结果，苯磺酸钠具有较好的整平性效果，但电流效率低。而添加白藜芦醇或抗坏血酸可提升电流效率，但两者不具备明显的整平效果。基于此，本节拟将白藜芦醇与苯磺酸钠或抗坏血酸与苯磺酸钠复配，以期各添加剂能发挥自身优势，同时起到改善阴极形貌、提升电流效率的效果。本节对比研究了在 BE、BE+CSA 和添加有复合添加剂电解液体系（BE+Res/SB，BE+VC/SB）中的阴极极化曲线、电解液的稳定性、电流效率以及阴极锡形貌，以评估两种复合添加方案是否可行。

5.5.1 阴极锡沉积过程

图 5.27 所示为添加有不同 SB 浓度的 BE+Res/SB 电解液体系阴极极化曲线。由于前文已经获得了 Res 最佳添加量，因此，本节主要讨论 SB 浓度变化对 BE+Res/SB 电解液体系阴极极化曲线的影响，以期获得最佳的添加方案。由图 5.27 可见，在 BE+Res/SB 电解液中，固定白藜芦醇浓度不变条件下，随着苯磺酸钠浓度增加，Sn(Ⅱ) 还原峰 R_1 的峰值电流逐渐减小至-0.098A，出现这种现象的原因是：在白藜芦醇浓度不变的条件下，随着苯磺酸钠含量的增加，阴极锡表面吸附的苯磺酸钠分子逐渐增加，形成了更加致密的吸附膜，增大了锡沉积的反应活化能，阻滞了 Sn^{2+} 的还原沉积。继续增加苯磺酸钠的浓度，还原峰 R_1 的峰值电流则略有增加[2]。

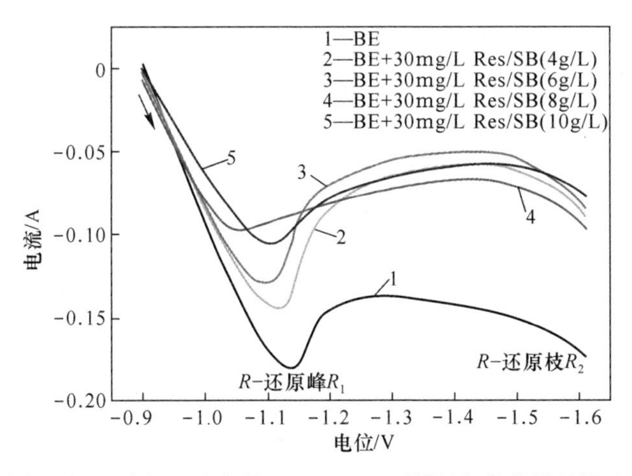

图 5.27 不同 SB 浓度的 BE+Res/SB 对阴极极化曲线的影响

图 5.28 所示为添加有不同 VC 浓度的 BE+VC/SB 电解液体系阴极极化曲线。在 BE+VC/SB 电解液中，固定抗坏血酸浓度不变的条件下，随着苯磺酸钠浓度增加到 6g/L 的过程中，还原峰 R_1 的峰值电流逐渐减小至-0.115A，可能原因是：在抗坏血酸浓度不变的条件下，随着苯磺酸钠含量的增加，阴极锡表面吸附的苯磺酸钠分子逐渐增加，最终形成一个缝隙较宽的吸附膜。又或许是由于抗坏血酸分子比白藜芦醇分子小的原因，所以在苯磺酸钠浓度相同的 6g/L 时，BE+VC/SB 电解液比 BE+Res/SB 电解液形成的吸附膜更致密，对 Sn^{2+} 阻滞能力更强。继续增加苯磺酸钠的浓度，阴极极化曲线几乎不变。

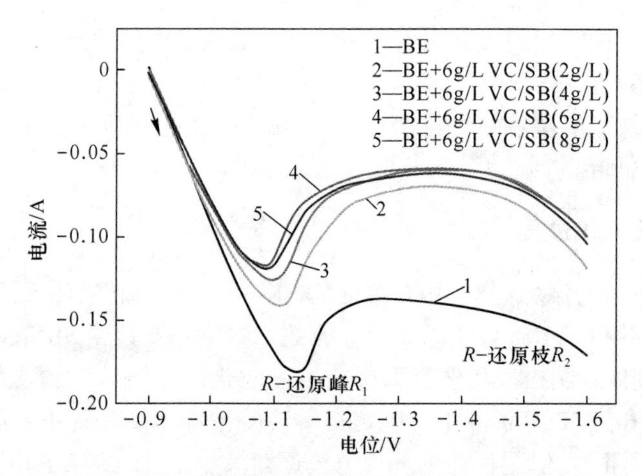

图 5.28 不同 VC 浓度 BE+VC/SB 对阴极极化曲线的影响

图 5.29 所示为在 BE、BE+CSA、BE+Res/SB 和 BE+VC/SB 4 种电解液体系中获得的阴极极化曲线。由图可见，与 BE 电解液和 BE+CSA 电解液相比，当加入最佳浓度的白藜芦醇-苯磺酸钠、抗坏血酸-苯磺酸钠时，还原峰 R_1 的峰值电流大小顺序为：BE>BE+VC/SB>BE+Res/SB>BE+CSA。实验结果表明，添加剂阻滞阴极锡沉积的强弱表现为：甲酚磺酸>白藜芦醇-苯磺酸钠>抗坏血酸-苯磺酸钠。

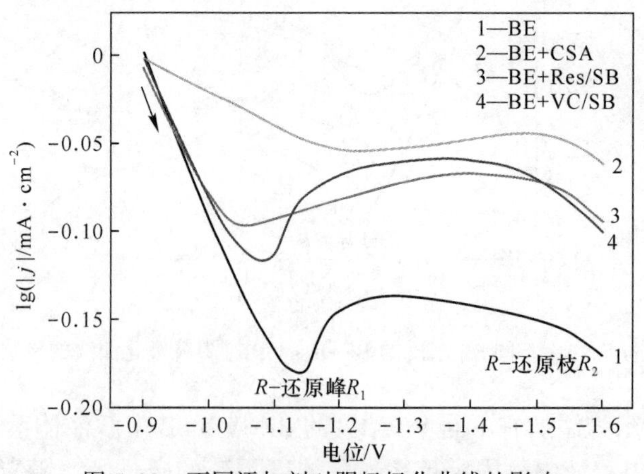

图 5.29 不同添加剂对阴极极化曲线的影响

图 5.30 对比分析了 CSA、Res/SB、VC/SB 添加剂对锡电解沉积 Tafel 曲线的影响。从图 5.30 中可以看出，在不同电解液平衡电位条件下的交换电流密度大小顺序是：BE 电解液>BE+VC/SB 电解液>BE+Res/SB 电解液>BE+CSA 电解液，实验结果表明：不同添加剂对阴极锡沉积的阻滞效果强弱顺序是甲酚磺酸>白藜芦醇-苯磺酸钠>抗坏血酸-苯磺酸钠，验证了上述阴极极化曲线所得到的结果。

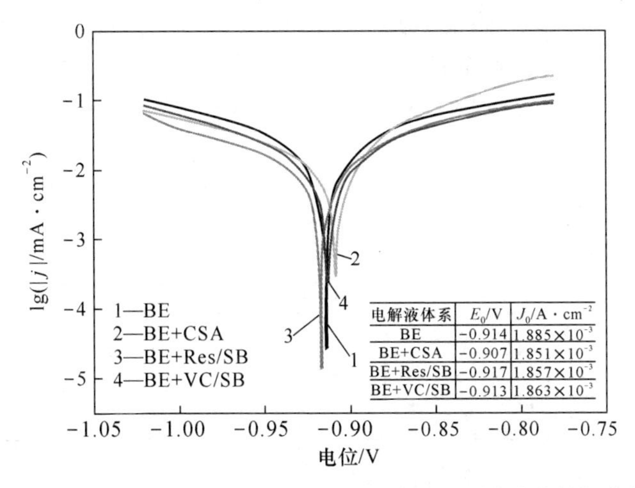

图 5.30 不同电解液中锡电极的 Tafel 曲线及 Tafel 曲线线性拟合数据

5.5.2 阴极锡形貌

图 5.31 所示为在 BE、BE+CSA、BE+Res/SB 和 BE+VC/SB 电解液中模拟电解 24h 之后得到的阴极锡表面形貌。由图 5.31 可知，在 BE+Res/SB 和 BE+VC/SB 电解液中，阴极锡的表面形貌相较于 BE 电解液得到很大改善，与 BE+CSA 电解液体系相当。说明白藜芦醇-苯磺酸钠和抗坏血酸-苯磺酸钠两种复合添加剂均能够改善阴极锡的形貌，提高阴极锡表面的平整度和致密度。

图 5.31 不同电解液中电解 24h 后的阴极锡的宏观形貌

(a) BE；(b) BE+CSA；(c) BE+Res/SB；(d) BE+VC/SB

5.5.3 电解液稳定性

对 BE、BE+CSA、BE+Res/SB 和 BE+VC/SB 4 种电解液体系模拟电解实验前后 Sn(Ⅱ) 和总锡浓度进行检测，结果如表 5.9 所示。从表 5.9 中可以看出，电解前后 BE+Res/SB 电解液和 BE+VC/SB 电解液中 Sn(Ⅱ) 的浓度均大于 BE 电解液，但小于 BE+CSA 电解液，表明两种复合添加剂对 Sn(Ⅱ) 的稳定性具有一定的效果。而从 Sn(Ⅱ) 的浓度占总 Sn 浓度的百分比变化可以看出，白藜芦醇-苯磺酸钠复合添加剂对电解液中锡离子的稳定性明显比抗坏血酸-苯磺酸钠要好。

表 5.9 电解前后溶液中 Sn(Ⅱ) 浓度、Sn(T) 浓度及 $c_{Sn(Ⅱ)}/c_{Sn(T)}$ 变化

电解液体系	$c_{Sn(Ⅱ)}$/g · L^{-1}		$c_{Sn(T)}$/g · L^{-1}		$c_{Sn(Ⅱ)}/c_{Sn(T)}$/%	
	电解前	电解后	电解前	电解后	电解前	电解后
BE	9.03	7.50	13.80	13.57	65.43	55.26
BE+CSA	10.03	9.52	13.05	13.12	76.83	72.56
BE+Res/SB	9.27	8.87	13.39	12.76	69.23	69.51
BE+VC/SB	9.45	8.48	13.08	12.71	72.25	66.72

表 5.10 所示为 4 种电解液模拟电解实验前后 H^+浓度的变化。从表 5.10 中可以看出，在电解前后，BE+Res/SB 电解液的酸度值及酸度波动值均小于 BE 电解液，而 BE+VC/SB 电解液仅酸度波动值小于 BE 电解液。实验结果表明：白藜芦醇-苯磺酸钠复合添加剂在提高电解液酸度稳定性的情况下，同时能够降低电解液的酸度值。

表 5.10 电解前后电解液中 H^+浓度和 H^+浓度变化

电解液体系	c_{H^+}/g · L^{-1}		Δc_{H^+}/g · L^{-1}
	电解前	电解后	
BE	0.81	0.89	0.08
BE+CSA	0.98	0.96	-0.02
BE+Res/SB	0.74	0.73	-0.01
BE+VC/SB	0.89	0.90	0.01

5.5.4 电流效率

图 5.32 和图 5.33 给出了在添加不同浓度苯磺酸钠的 BE+Res/SB 和 BE+VC/SB 电解液体系对锡电解精炼过程电流效率的影响。由图 5.32 可见，在 BE+Res/SB 电解液体系，苯磺酸钠浓度从 0g/L 增加到 8g/L 时，锡电解精炼的电流效率由 95.19%增加到 98.65%，继续加大苯磺酸钠浓度，锡电解精炼的电流效率则基本不变。所以，白藜芦醇-苯磺酸钠的浓度分别为 0.03g/L、8g/L 时电流效率最高；而在 BE+VC/SB 电解液体系，当苯磺酸钠浓度从 0g/L 增加到 6g/L 时，锡电解精炼的电流效率由 95.19%增加到 98.76%，继续加大苯磺酸钠浓度，锡电解精炼的电流效率几乎不变。因此，抗坏血酸-苯磺酸钠的浓度分别为 6g/L、6g/L 时电流效率最高。

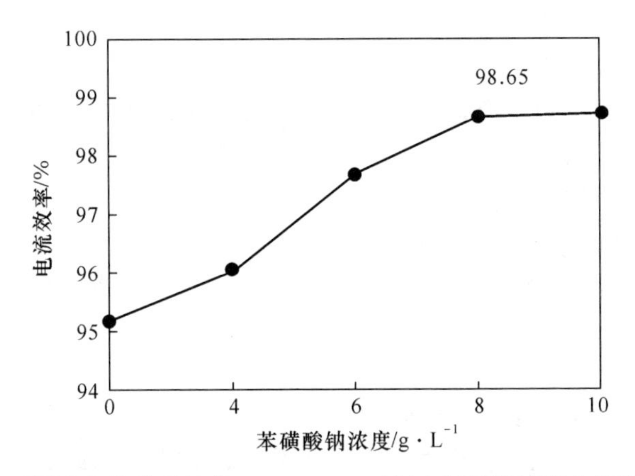

图 5.32 不同浓度苯磺酸钠的 BE+Res/SB 对锡电解精炼过程电流效率的影响

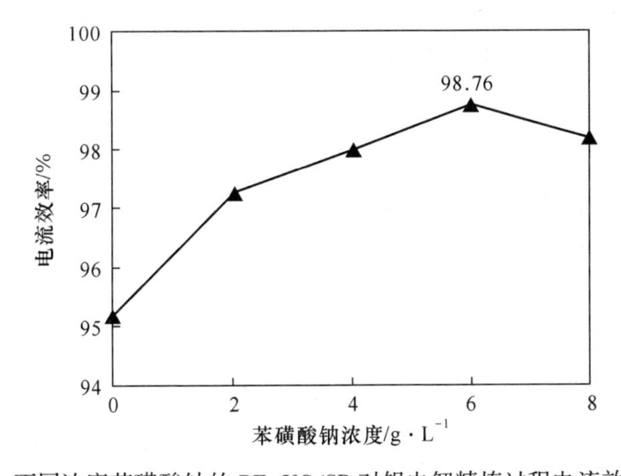

图 5.33 不同浓度苯磺酸钠的 BE+VC/SB 对锡电解精炼过程电流效率的影响

由于两种复合添加剂对锡电解精炼过程中阴极锡的整平效果及电流效率影响程度差别不大，考虑到电解前后 BE+Res/SB 电解液中 Sn(Ⅱ) 占总锡百分比更高，电解液稳定性优于 BE+VC/SB 电解液体系。此外，Res/SB 复合添加剂不会对电解液酸度产生明显影响，有利于维持锡电解精炼作业稳定进行。因此，优选 BE+Res/SB 添加方案。

5.6 锡电解精炼工艺参数优化

基于上节实验研究，优选了 BE+Res/SB 添加方案，即复合添加苯磺酸钠和白藜芦醇，两者添加量分别为 8g/L 和 30mg/L。因此，本节将针对 BE+Res/SB 电解液体系进一步优化电解液硫酸浓度、硫酸亚锡浓度、温度等，以获得适于本电解液体系的最优工艺参数。

5.6.1 硫酸浓度

为优化硫酸浓度，分别研究了硫酸浓度对锡电解精炼过程电流效率和阴极锡形貌的影响。实验条件控制为：硫酸亚锡浓度 24g/L，苯磺酸钠浓度 8g/L，白藜芦醇浓度 30mg/L、极距 5cm、温度 35℃、电流密度 100A/m^2，电解时间 24h。硫酸浓度分别控制为 20g/L、40g/L、60g/L、80g/L、100g/L。

图 5.34 所示为不同硫酸浓度对锡电解精炼过程电流效率的影响。如图所示，随着硫酸浓度从 20g/L 增加到 60g/L 时，阴极锡沉积的电流效率呈现递增的趋势，当硫酸浓度超过 60g/L 时，电流效率呈现略有减小的趋势。这主要是因为在 20~60g/L 范围内，随着硫酸浓度的增加，其抑制 Sn(Ⅱ) 氧化，或抑制 Sn(Ⅱ)、Sn(Ⅳ) 水解的能力增强，从而提高电流效率；而当硫酸浓度超过 60g/L 时，由于溶液中的酸浓度过高，增大了析氢反应发生的可能，进而导致电流效率下降。

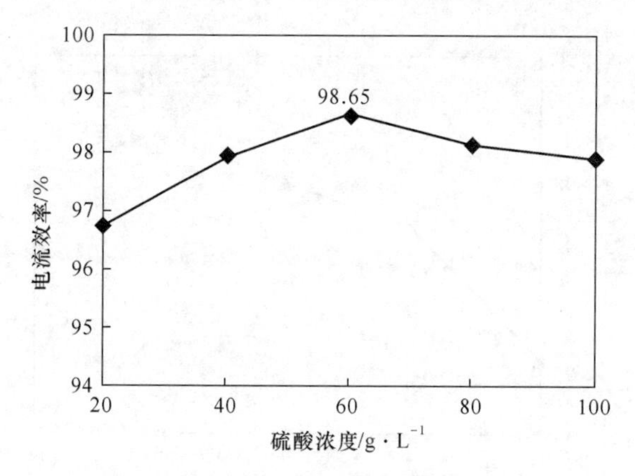

图 5.34 不同硫酸浓度对锡电解精炼过程电流效率的影响

图 5.35 所示为不同硫酸浓度对电解 24h 后阴极锡表面形貌的影响。由图可发现，电解液中的硫酸浓度为 60g/L 时，阴极锡的宏观形貌最为平整。综上所述，电解液中硫酸浓度为 60g/L 时锡电解精炼过程电流效率和阴极锡形貌最优，硫酸浓度优选为 60g/L。

(a) (b) (c)

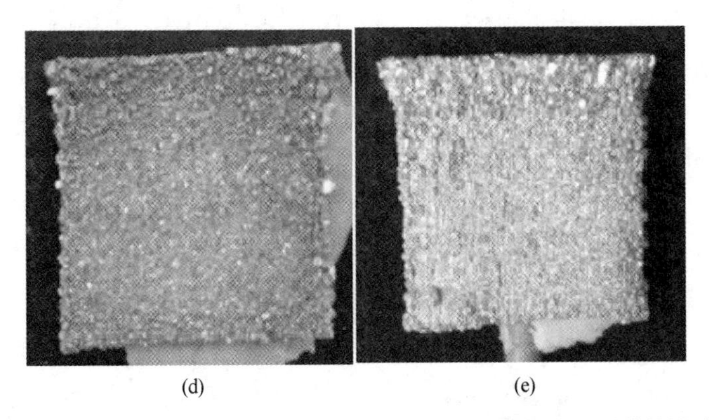

图 5.35　不同硫酸浓度对锡电解精炼 24h 后阴极锡表面形貌的影响
（a）20g/L；（b）40g/L；（c）60g/L；（d）80g/L；（e）100g/L

5.6.2　硫酸亚锡浓度

为优化硫酸亚锡初始浓度，分别研究了硫酸亚锡初始浓度对锡电解精炼过程电流效率和阴极锡形貌的影响。实验初始浓度为硫酸 60g/L，苯磺酸钠 8g/L，白藜芦醇 30mg/L。控制实验条件为：极距 5cm，温度 35℃，电流密度 100A/m^2，电解时间为 24h。硫酸亚锡浓度分别控制为 16g/L、20g/L、24g/L、28g/L、32g/L。

图 5.36 所示为硫酸亚锡初始浓度对锡电解精炼过程电流效率的影响。由图可见，随着硫酸亚锡浓度增加到 24g/L 时，阴极锡沉积的电流效率呈现增加的趋势，当硫酸亚锡浓度超过 24g/L 时，电流效率趋于平稳。当硫酸亚锡浓度低于 24g/L 时，电解液中 Sn(Ⅱ) 浓度偏低，阴极沉积反应易受 Sn(Ⅱ) 传质控制，因此，提高 Sn(Ⅱ) 浓度，浓差极化得到减小，阴极副反应发生概率减小，故电流效率得到显著提高。当硫酸亚锡浓度达到一定值，Sn(Ⅱ) 浓度差足够大，Sn(Ⅱ) 阴极沉积反应不再受浓差极化控制，因此，进一步增大硫酸亚锡浓度，电流效率变化不明显。

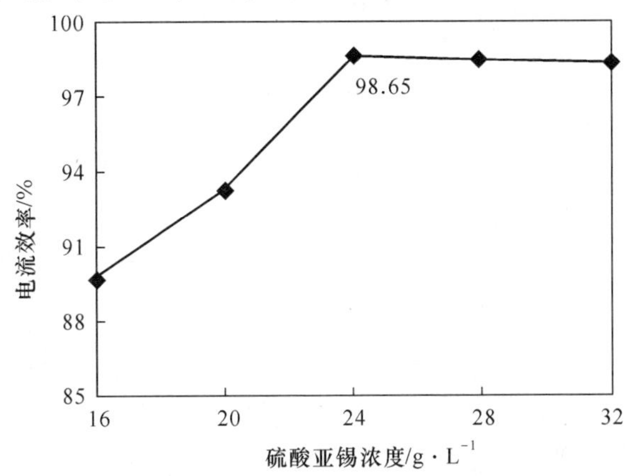

图 5.36　硫酸亚锡浓度对锡电解精炼过程电流效率的影响

图 5. 37 所示为硫酸亚锡浓度对电解 24h 后阴极锡表面形貌的影响。由图可见，当硫酸亚锡浓度低于 24g/L 时，阴极锡的表面形貌平整度逐渐提高。当硫酸亚锡浓度为 24g/L 时，阴极锡表面无明显颗粒感，平整度好。然而，进一步提高硫酸亚锡浓度，阴极锡表面开始出现少量颗粒状晶粒，且边缘效应更加明显。综合硫酸亚锡初始浓度对锡电解精炼过程电流效率和阴极锡形貌的影响，电解液中硫酸亚锡初始浓度优选为 24g/L。

(a) (b) (c) (d) (e)

图 5. 37 硫酸亚锡浓度对锡电解精炼 24h 后阴极锡表面形貌的影响
（a）16g/L；（b）20g/L；（c）24g/L；（d）28g/L；（e）32g/L

5. 6. 3 电解温度

为优化电解温度，分别研究了电解温度对锡电解精炼过程电流效率和阴极锡形貌的影响。实验初始浓度为硫酸 60g/L，硫酸亚锡 24g/L，苯磺酸钠 8g/L，白藜芦醇 30mg/L。控制实验条件为：极距 5cm，电流密度 100A/m^2，电解时间为 24h。温度控制为 20℃、25℃、30℃、35℃、40℃。

图 5. 38 所示为电解温度对锡电解精炼过程电流效率的影响。由图可见，随着温度从 20℃增加到 35℃时，阴极锡沉积的电流效率呈现递增的趋势，当温度超过 35℃时，电流效率呈现有所减小的趋势。这是由于在 20~35℃ 范围内，随着温度的增加，离子迁移速率加快，使得 Sn(Ⅱ) 的补充速率能够跟上沉积消耗速率，降低

了浓差极化，减少了气体的生成，进而提高了电流效率，与文献［2］现象相一致；而当温度过高时，又极大地促使了Sn(Ⅱ) 氧化为Sn(Ⅳ)，同时也加速了Sn(Ⅱ) 和Sn(Ⅳ) 的水解，促使其形成白色的β-锡酸沉淀，致使电流效率下降。

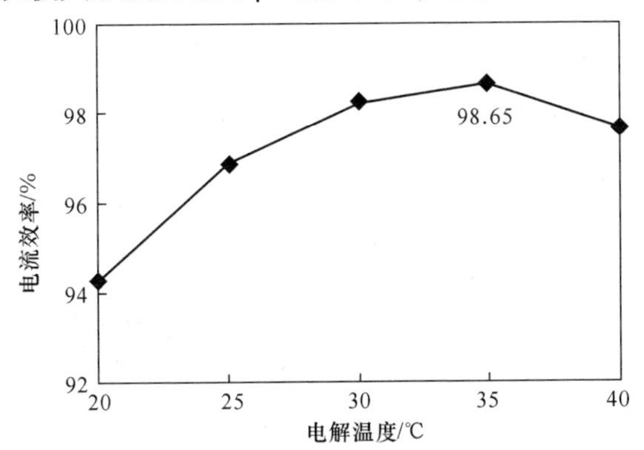

图 5.38 电解温度对锡电解精炼过程电流效率的影响

图 5.39 所示为不同电解温度对锡电解精炼 24h 后阴极锡表面形貌的影响。由图可见，电解温度升高，阴极锡表面平整度显著提高。当电解温度为 30~35℃

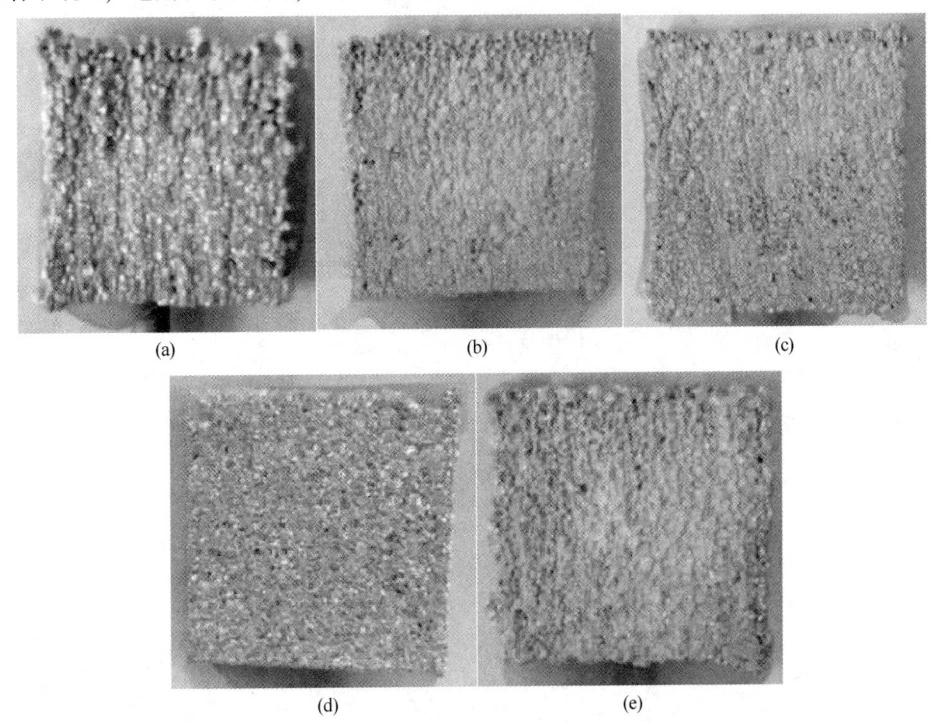

图 5.39 不同电解温度对锡电解精炼 24h 后阴极锡表面形貌的影响

(a) 20℃；(b) 25℃；(c) 30℃；(d) 35℃；(e) 40℃

时，阴极锡的表面形貌最平整，进一步提高电解温度，阴极锡表面平整度有所降低。综合电解温度对锡电解精炼过程电流效率和阴极锡表面平整度的影响，电解液温度优选为35℃。

5.6.4 电流密度

为优化电流密度，分别研究了电流密度对锡电解精炼过程电流效率和阴极锡形貌的影响。实验初始浓度为硫酸60g/L，硫酸亚锡24g/L，苯磺酸钠8g/L，白藜芦醇30mg/L。控制实验条件为：极距5cm，温度35℃，电解时间为24h，电流密度分别控制为40A/m²、60A/m²、80A/m²、100A/m²、120A/m²。

图5.40所示为电流密度对锡电解精炼过程中电流效率的影响。由图可见，随着电流密度从40A/m² 增加到100A/m² 时，阴极锡沉积的电流效率呈现递增的趋势，当电流密度超过100A/m² 时，电流效率呈现有所减小的趋势。电流密度过大，使得阴极附近的Sn(Ⅱ) 贫化严重，加剧析氢副反应，导致电流效率下降。

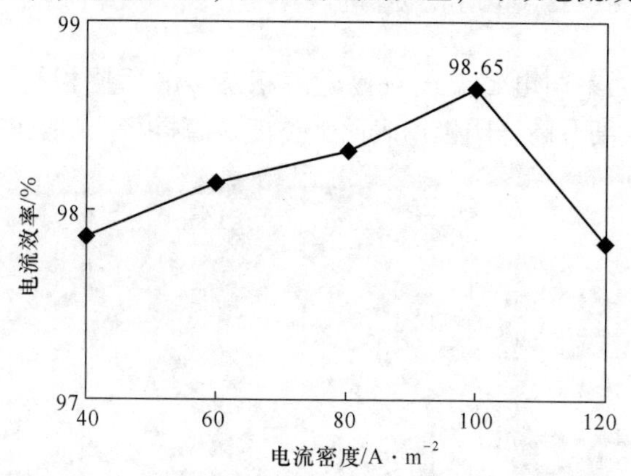

图5.40 电流密度对锡电解精炼过程电流效率的影响

图5.41所示为电流密度对锡电解精炼24h后阴极锡表面形貌的影响。由图可见，随着电流密度增大，阴极锡表面平整度逐步降低。当电流密度低于80A/m² 时，

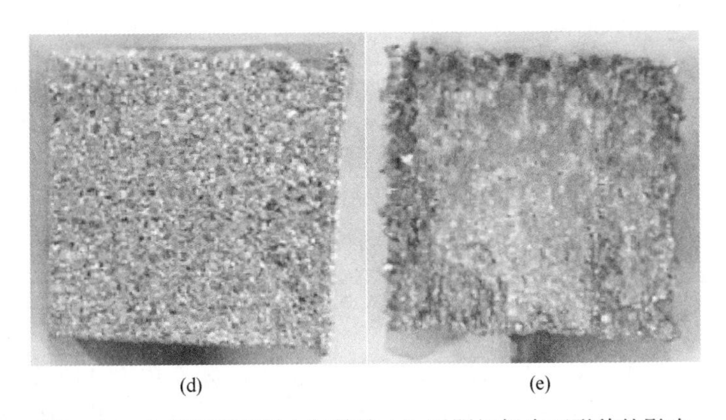

(d) (e)

图 5.41 电流密度对锡电解精炼 24h 后阴极锡表面形貌的影响

(a) 40mA/cm²; (b) 60mA/cm²; (c) 80mA/cm²; (d) 100mA/cm²; (e) 120mA/cm²

阴极锡表面平整度较高，且受电流密度影响较小。综合电流密度对锡电解精炼过程电流效率和阴极锡表面平整度的影响，电流密度优选为 $60A/m^2$。

5.7 本章小结

（1）从甲酚磺酸分子结构中磺酸基的角度出发，筛选出了一种具有磺酸基的物质——苯磺酸钠作为锡电解精炼的添加剂。苯酚磺酸钠具有一定的阻滞 Sn(Ⅱ) 阴极沉积的作用，随着苯磺酸钠浓度增大，阻滞效果改善。然而，从阴极锡表面形貌看，添加苯磺酸钠不能起到平整阴极的作用。此外，苯磺酸钠对电解液稳定性及电解过程电流效率影响较小。

（2）基于甲酚磺酸分子结构中具有酚羟基的特征，筛选出了一种具有酚羟基的物质——白藜芦醇作为锡电解精炼的添加剂。白藜芦醇具有一定的提高电解液的稳定性和电流效率的作用，但白藜芦醇不具有阴极锡整平效果，甚至恶化阴极锡形貌。

（3）对比研究了 BE、BE-CSA 和添加有大蒜（本地超市）、茶叶（信阳毛尖）、黄瓜（本地超市）提取物电解液体系中 Sn 阴极极化曲线、电解液的稳定性、电流效率以及阴极锡形貌。结果表明，在添加有大蒜、茶叶、黄瓜提取物的电解液中获得的阴极锡表面形貌差别不大，黄瓜提取物可以提升电解液 Sn(Ⅱ) 的稳定性，并获得较高的电流效率。因此，黄瓜提取物有在锡电解精炼中的应用潜力。

（4）黄瓜提取物中有多种组分，因此，需要进一步确认黄瓜提取物中的有效组分。选取了几种典型黄瓜提取物的组分，即抗坏血酸、D-葡萄糖、芦丁，分别研究了上述单一组分对锡电解精炼过程的影响。结果表明，D-葡萄糖对阴极锡的整平性最差，抗坏血酸稍好，芦丁整平效果最好。虽然整平效果有所差异，但是使用 3 种添加剂所制得的阴极锡均没有晶须的产生；添加有抗坏血酸的电解液体系中 Sn(Ⅱ) 的稳定性要优于添加 D-葡萄糖或芦丁体系；添加有抗坏血酸的电解液的电流效率相较于添加 D-葡萄糖和芦丁的电流效率稍高。综合考虑，选择抗坏血酸作为甲酚磺酸的替代添加剂，且其最佳浓度为 6g/L。

（5）苯磺酸钠具有较好的整平性效果，但电流效率低。而添加白藜芦醇或抗坏血酸可提升电流效率，但两者不具备明显的整平效果。基于此，提出将白藜芦醇与苯磺酸钠或抗坏血酸与苯磺酸钠复配，以期各添加剂能发挥自身优势，同时起到改善阴极形貌、提升电流效率的效果。研究结果表明，电解前后 BE+Res/SB 电解液中 Sn(Ⅱ) 占总锡百分比更高，电解液稳定性优于 BE+VC/SB 电解液体系。此外，Res/SB 复合添加剂不会对电解液酸度产生明显影响，有利于维持锡电解精炼作业稳定进行。因此，优选 BE+Res/SB 添加方案。

（6）针对 BE+Res/SB 电解液体系进一步优化电解液硫酸浓度、硫酸亚锡浓度、电解温度和电流密度，以获得适于本电解液体系的最优工艺参数。优化后的硫酸浓度、硫酸亚锡浓度、电解温度和电流密度分别为 60g/L、24g/L、35℃和 $60A/m^2$。

参考文献

[1] 石晶．席夫碱的合成与缓蚀性能研究［D］．大连：辽宁师范大学，2016.

[2] 胡军福．活性粒子在电极溶液界面上吸附［J］．郧阳师范高等专科学校学报，2012，32(6)：54~56.

6　锡电解精炼用添加剂研究展望

随着以人为本理念的不断推广和环境执法强度不断加大，设计开发新型绿色锡电解精炼添加剂以替代传统酚磺酸类添加剂刻不容缓。本书介绍了3种锡电解精炼用添加剂设计与开发路线：一是基于试错法从传统有色金属电沉积/电镀用添加剂中筛选适于锡电解精炼过程的绿色添加剂；二是通过解析传统锡电解精炼用苯酚磺酸的构效关系，设计理想添加剂结构特征，进而指导从大宗化工产品中挑选绿色添加剂；三是从生物提取物中寻找锡电解精炼用绿色添加剂。

试错法虽然效率低，筛选工作量大，但从有色金属电沉积/电镀常用添加剂中筛选添加剂具有针对性强、成功率高的优点。本书分别介绍了酒石酸、没食子酸、木质素磺酸钠等传统添加剂对锡电解精炼的影响。结果表明，这些添加剂难以兼具提升电解液稳定性和改善阴极形貌的作用。因此，将具有提升电解液稳定性的添加剂和具有整平阴极作用的添加剂复合添加可能是一种有效解决方案。

基于传统酚磺酸类添加剂的构效关系，设计理想添加剂结构，进而指导寻找目标添加剂。该研发路线从结构出发，具有效率高的优点。从本书的研究结果看，酚羟基不仅具有还原性，同时具有一定的络和能力。因此，目标添加剂结构应该具有酚羟基。然而，酚羟基是添加剂有毒有害的根源，绿色目标添加剂应完全摒弃包含酚羟基官能团的有机物。基于此，本书提出了具有还原性的牛磺酸。虽然牛磺酸可提升电解液稳定性，但对阴极形貌无明显整平作用。通过有限的对比试验获得的传统酚磺酸类物质的构效关系准确性不高，有待进一步的验证。将来可以尝试采用计算化学的方法研究酚羟基和磺酸基与Sn(Ⅱ)的作用，进而分析各官能团对Sn(Ⅱ)在电解过程的溶液化学行为和沉积动力学的影响。此外，值得注意的是，各官能团之间可能存在交互作用，单独分析各官能团的作用机制可能会得到错误的结论。作为一种有机添加剂，结构的调整还可能导致极性、介电常数、溶解度、空间位阻的变化，进而影响添加剂溶解度、电离常数、络和能力等。今后，在设计开发新型锡电解精炼添加剂时需综合考虑这些因素。

从大自然中寻找电沉积/电镀用天然添加剂是本书的一个特色。本书评估了黄瓜、大蒜、茶叶等提取物对锡电解精炼过程的影响。该研究路线的提出是基于生物提取物中富含大量具有抗氧化作用组分的事实。因此，将生物提取物添加在锡电解精炼电解液，有望提升电解液中Sn(Ⅱ)的稳定性。然而，仅仅从还原作用的角度去寻找锡电解精炼添加剂存在一定的局限性，未能考虑到添加剂需具备平整阴极锡的功能，在今后的研究中需加以注意。